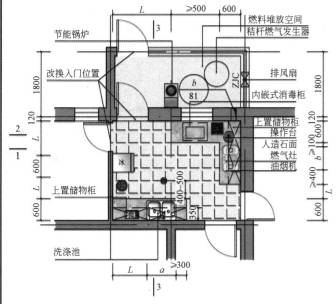

节能锅炉
改换入门位置
燃料堆放空间
秸秆燃气发生器
排风扇
内嵌式消毒柜
上置储物柜
操作台
人造石面
燃气灶
油烟机
上置储物柜
洗涤池

A1型厨房改造(一)平面图

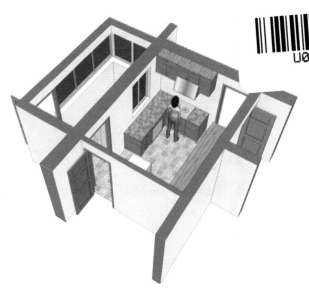

A1型厨房改造(一)效果图-1

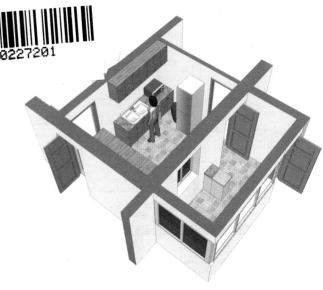

A1型厨房改造(一)效果图-2

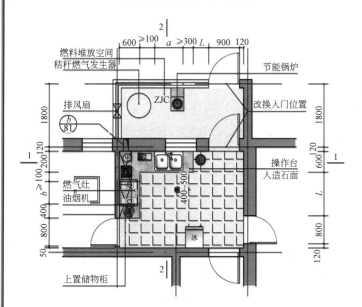

燃料堆放空间
秸秆燃气发生器
排风扇
节能锅炉
改换入门位置
操作台
人造石面
燃气灶
油烟机
上置储物柜

A1型厨房改造(二)平面图

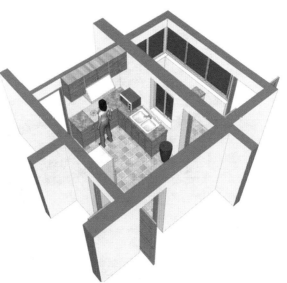

A1型厨房改造(二)效果图-1

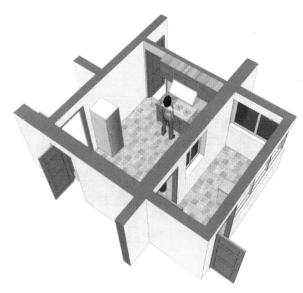

A1型厨房改造(二)效果图-2

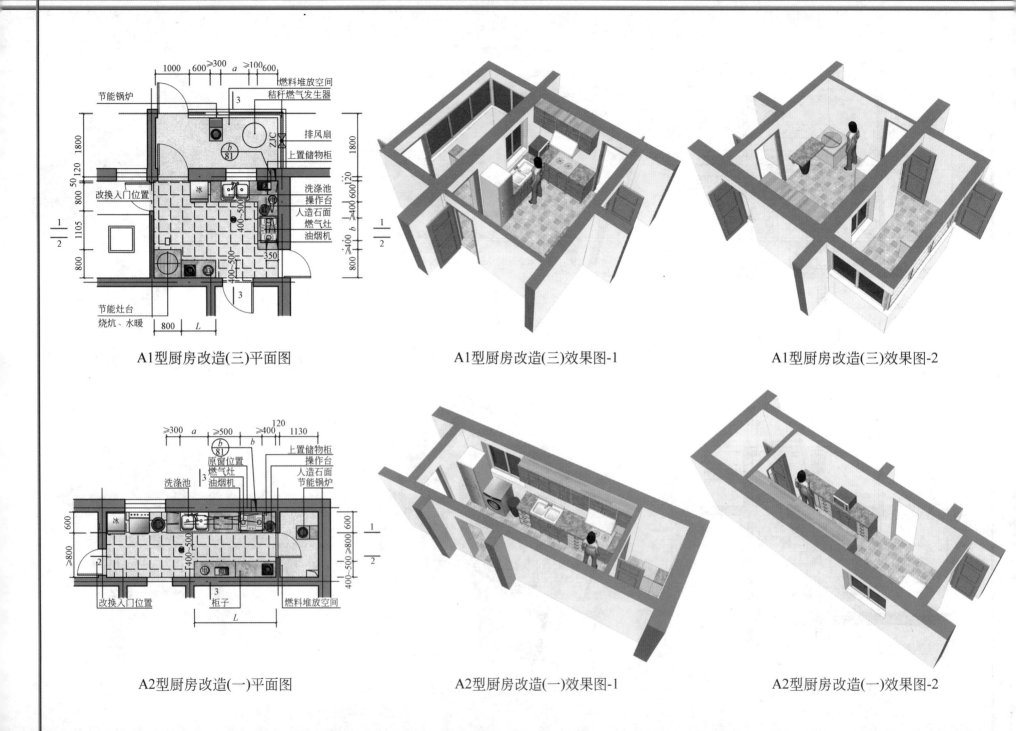

A1型厨房改造(三)平面图

A1型厨房改造(三)效果图-1

A1型厨房改造(三)效果图-2

A2型厨房改造(一)平面图

A2型厨房改造(一)效果图-1

A2型厨房改造(一)效果图-2

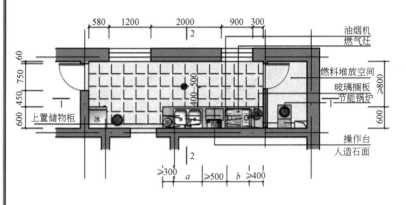

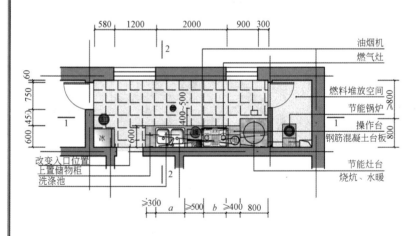

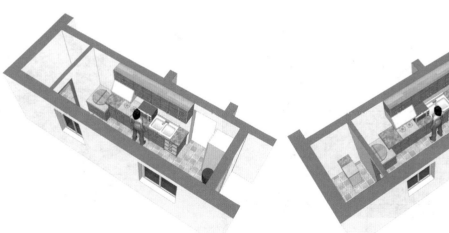

油烟机
燃气灶
燃料堆放空间
玻璃搁板
节能锅炉
操作台
人造石面
上置储物柜
冰

A2型厨房改造(二)平面图　　　　A2型厨房改造(二)效果图-1　　　　A2型厨房改造(二)效果图-2

油烟机
燃气灶
燃料堆放空间
节能锅炉
操作台
钢筋混凝土台板
改变入口位置
上置储物柜
洗涤池
节能灶台
烧炕、水暖
冰

A2型厨房改造(三)平面图　　　　A2型厨房改造(三)效果图-1　　　　A2型厨房改造(三)效果图-2

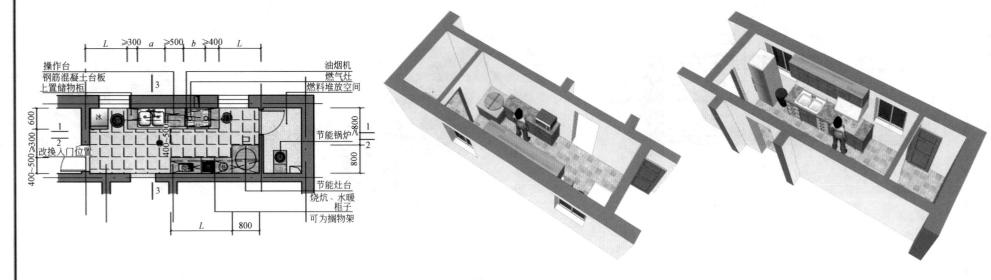

A2型厨房改造(四)平面图

A2型厨房改造(四)效果图-1

A2型厨房改造(四)效果图-2

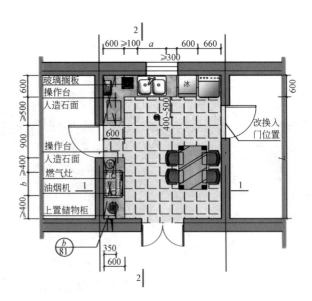

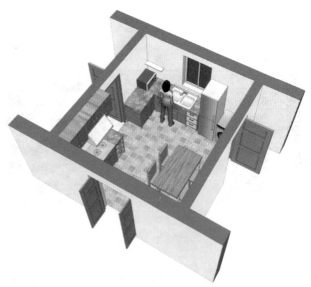

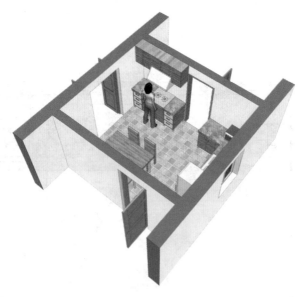

B1型厨房改造(一)平面图

B1型厨房改造(一)效果图-1

B1型厨房改造(一)效果图-2

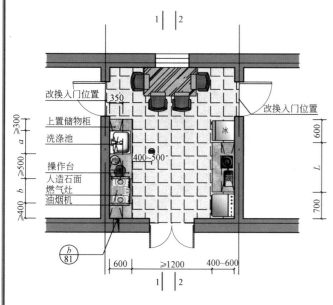

改换入门位置
350
上置储物柜
洗涤池
操作台
人造石面
燃气灶
油烟机
改换入门位置
冰
400~500
≥300 a
≥500 b
≥400
b/81
600   ≥1200   400~600
600
L
700

B1型厨房改造(二)平面图

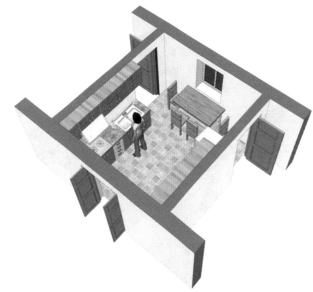

B1型厨房改造(二)效果图-1

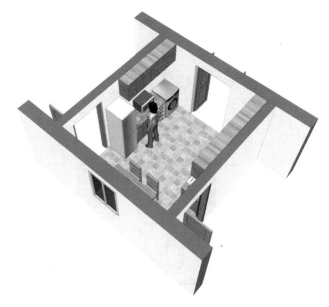

B1型厨房改造(二)效果图-2

上置储物柜
玻璃搁板
内嵌式消毒柜
上置储物柜
操作台
钢筋混凝土台板
燃气灶
油烟机
≥300 a   ≥500   L   600
冰
操作台
钢筋混凝土台板
400~500
节能灶台
烧炕、水暖
b/81   600   ≥1200   800
600
L
400
b
L
600
800
800
-/60

B1型厨房改造(三)平面图

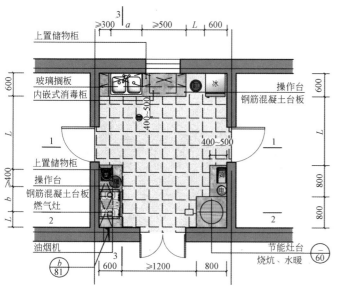

B1型厨房改造(三)效果图-1

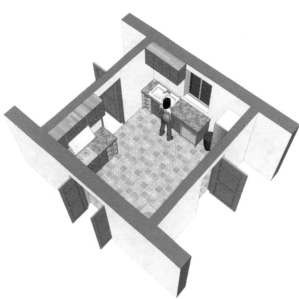

B1型厨房改造(三)效果图-2

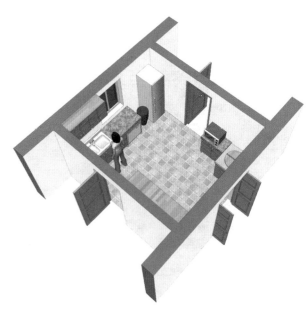

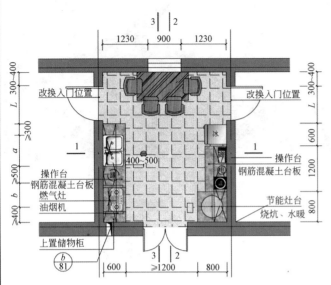

B1型厨房改造(四)平面图

B1型厨房改造(四)效果图-1

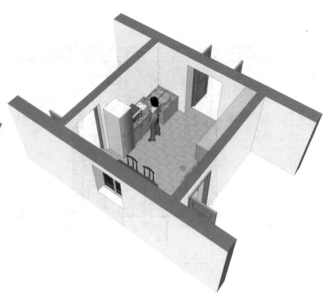

B1型厨房改造(四)效果图-2

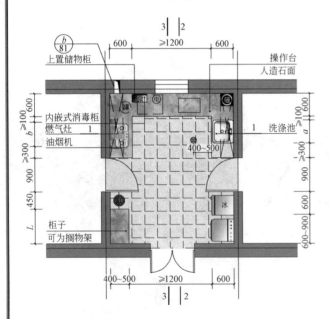

B2型厨房改造(一)平面图

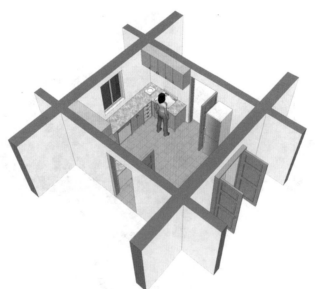

B2型厨房改造(一)效果图-1

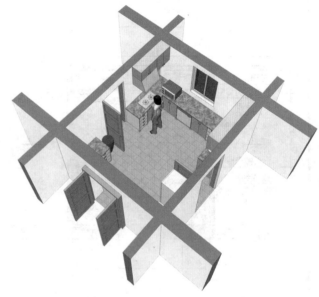

B2型厨房改造(一)效果图-2

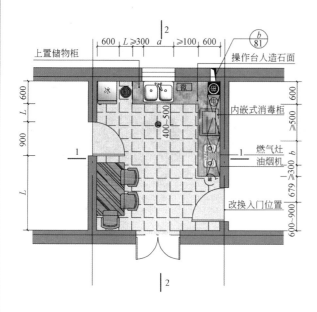

B2型厨房改造(二)平面图

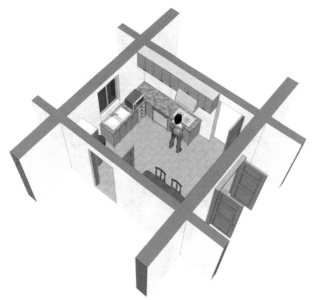

B2型厨房改造(二)效果图-1

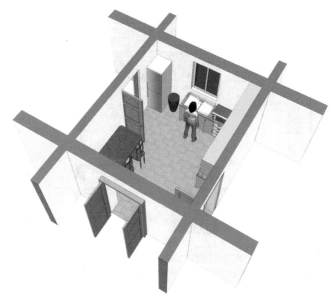

B2型厨房改造(二)效果图-2

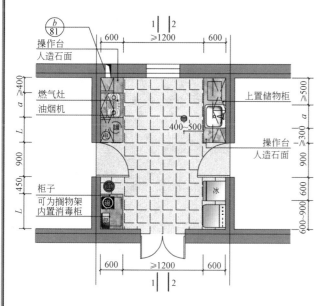

B2型厨房改造(三)平面图

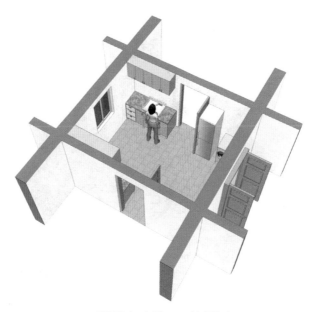

B2型厨房改造(三)效果图-1

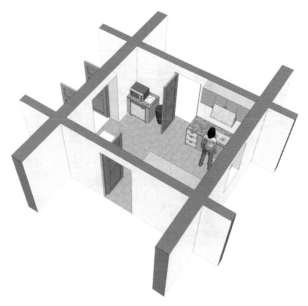

B2型厨房改造(三)效果图-2

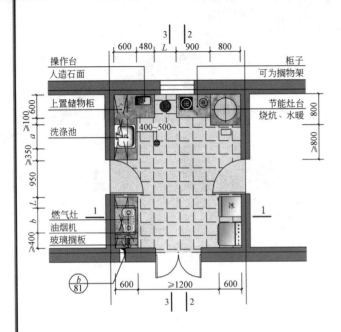

操作台
人造石面
上置储物柜
洗涤池
燃气灶
油烟机
玻璃搁板
柜子
可为搁物架
节能灶台
烧炕、水暖

B1型厨房改造(四)平面图

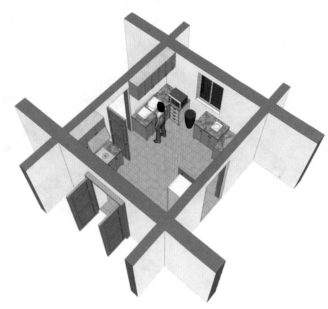

B2型厨房改造(四)效果图-1

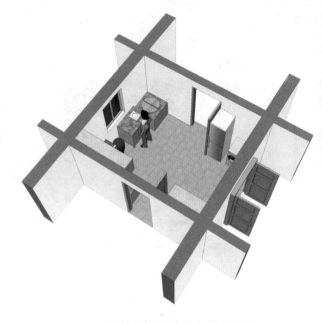

B2型厨房改造(四)效果图-2

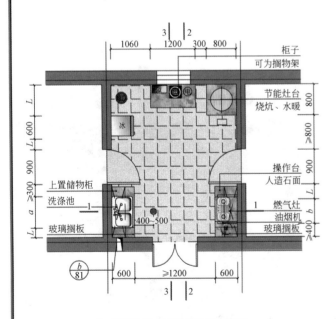

柜子
可为搁物架
节能灶台
烧炕、水暖
操作台
人造石面
上置储物柜
洗涤池
玻璃搁板
燃气灶
油烟机
玻璃搁板

B2型厨房改造(五)平面图

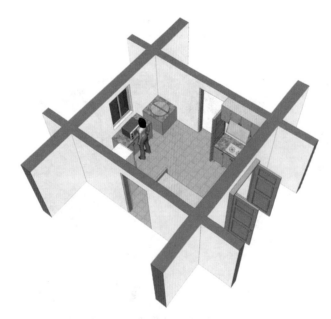

B2型厨房改造(五)效果图-1

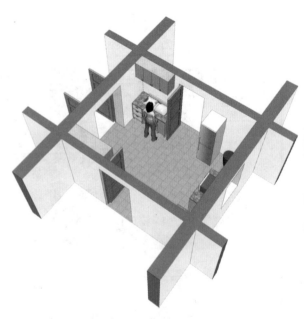

B2型厨房改造(五)效果图-2

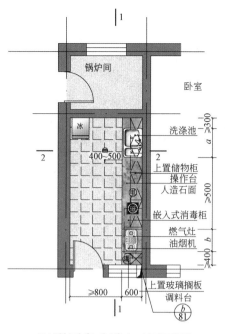

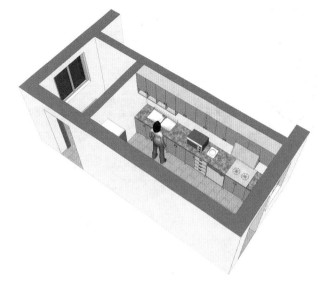

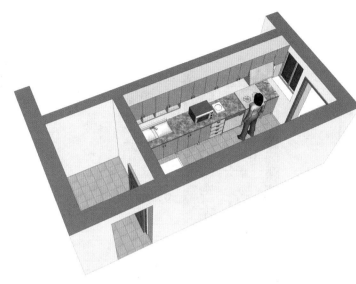

C1型厨房改造(一)平面图　　　　　C1型厨房改造(一)效果图-1　　　　　C1型厨房改造(一)效果图-2

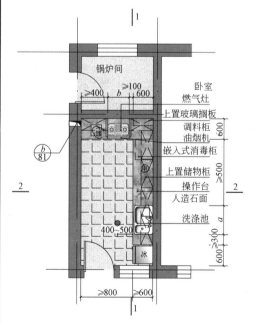

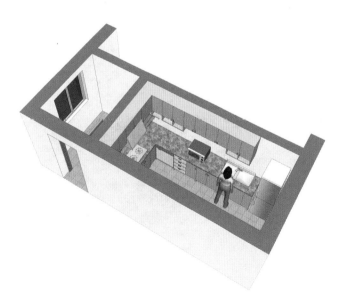

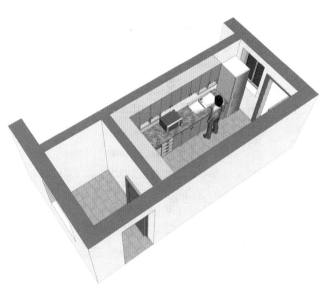

C1型厨房改造(二)平面图　　　　　C1型厨房改造(二)效果图-1　　　　　C1型厨房改造(二)效果图-2

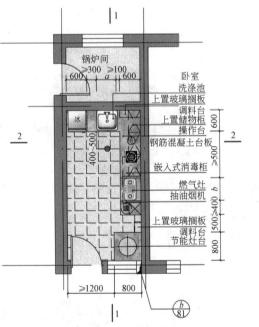

C1型厨房改造(三)平面图

C1型厨房改造(三)效果图-1

C1型厨房改造(三)效果图-2

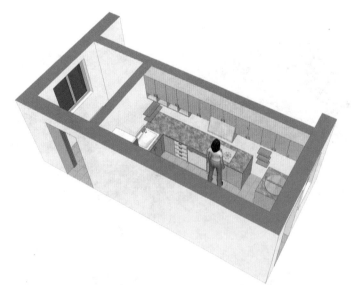

C1型厨房改造(四)平面图

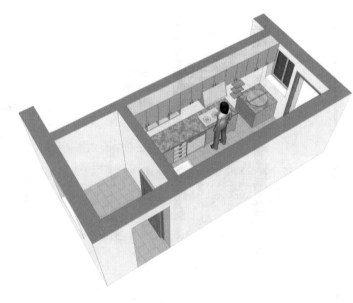

C1型厨房改造(四)效果图-1

C1型厨房改造(四)效果图-2

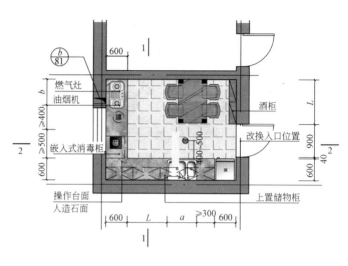

C2型厨房改造(一)平面图

C2型厨房改造(一)效果图-1

C2型厨房改造(一)效果图-2

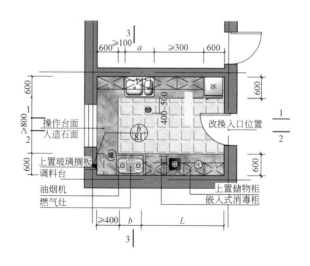

C2型厨房改造(二)平面图

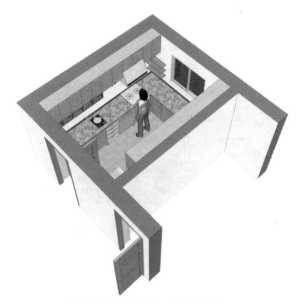

C2型厨房改造(二)效果图-1

C2型厨房改造(二)效果图-2

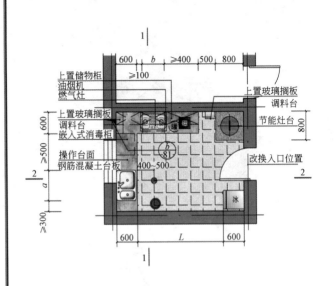

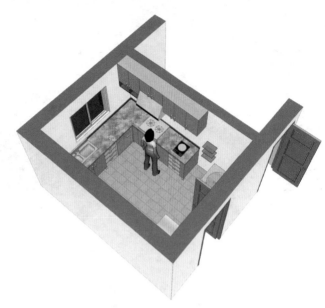

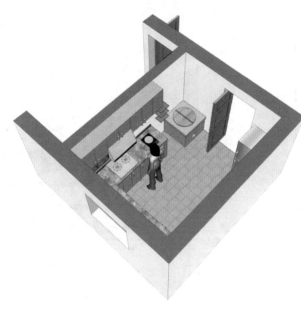

C2型厨房改造(三)平面图　　　　C2型厨房改造(三)效果图-1　　　　C2型厨房改造(三)效果图-2

上置储物柜
油烟机
燃气灶
上置玻璃搁板
调料台
嵌入式消毒柜
操作台面
钢筋混凝土台板

上置玻璃搁板
调料台
节能灶台
改换入口位置

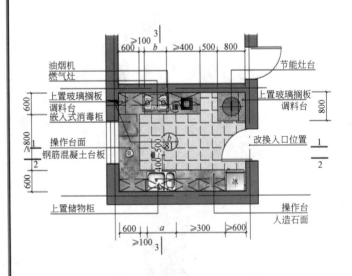

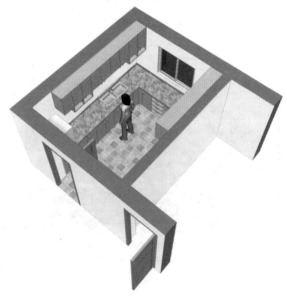

C2型厨房改造(四)平面图　　　　C2型厨房改造(四)效果图-1　　　　C2型厨房改造(四)效果图-2

油烟机
燃气灶
上置玻璃搁板
调料台
嵌入式消毒柜
操作台面
钢筋混凝土台板
上置储物柜

上置玻璃搁板
调料台
改换入口位置
操作台
人造石面

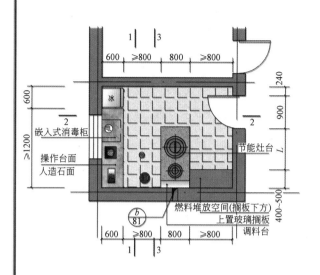

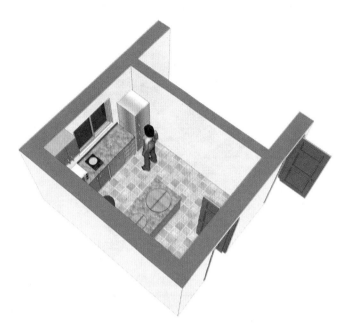

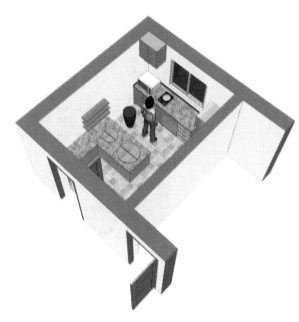

C2型厨房改造(五)平面图 　　　　C2型厨房改造(五)效果图-1 　　　　C2型厨房改造(五)效果图-2

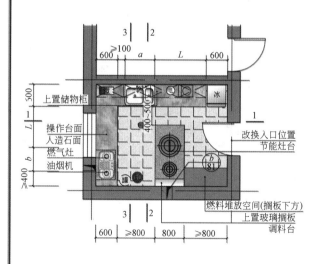

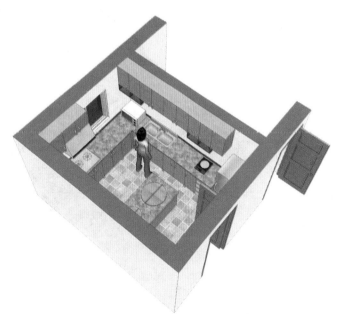

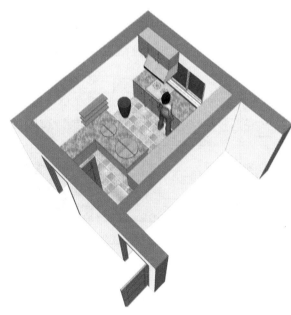

C2型厨房改造(六)平面图 　　　　C2型厨房改造(六)效果图-1 　　　　C2型厨房改造(六)效果图-2

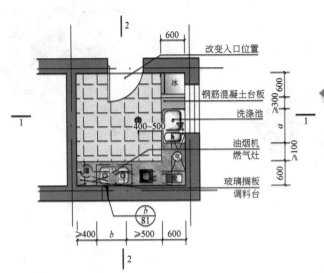

改变入口位置
钢筋混凝土台板
洗涤池
油烟机
燃气灶
玻璃搁板
调料台

600
400~500
≥400 b ≥500 600
≥300 600 a ≥100 600

D1型厨房改造(一)平面图

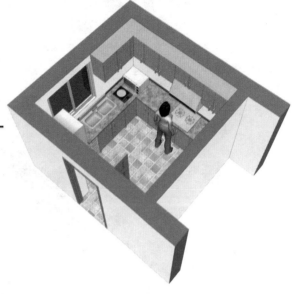

D1型厨房改造(一)效果图-1

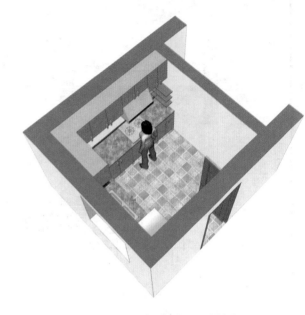

D1型厨房改造(一)效果图-2

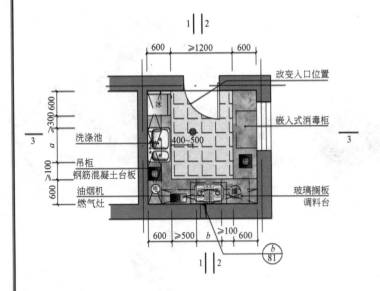

改变入口位置
嵌入式消毒柜
洗涤池
吊柜
钢筋混凝土台板
油烟机
燃气灶
玻璃搁板
调料台

600 ≥1200 600
400~500
600 ≥500 b ≥100 600
≥300 600 a ≥100 600

D1型厨房改造(二)平面图

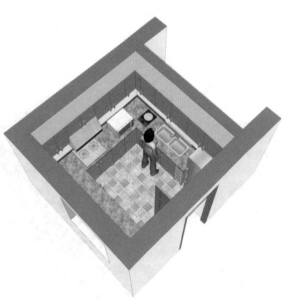

D1型厨房改造(二)效果图-1

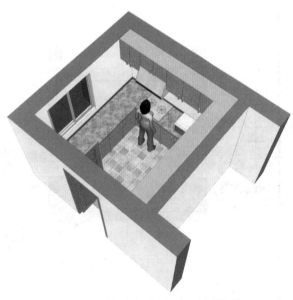

D1型厨房改造(二)效果图-2

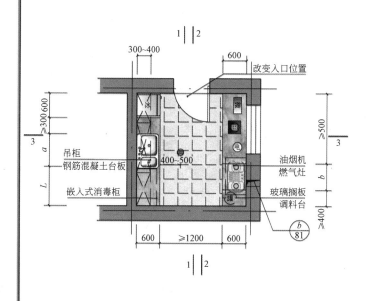

D1型厨房改造(三)平面图

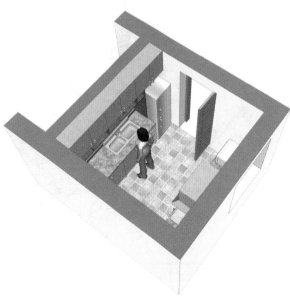

D1型厨房改造(三)效果图-1

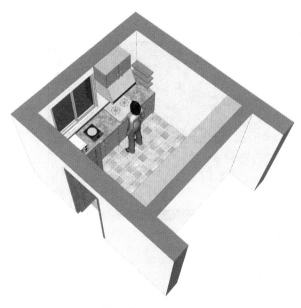

D1型厨房改造(三)效果图-2

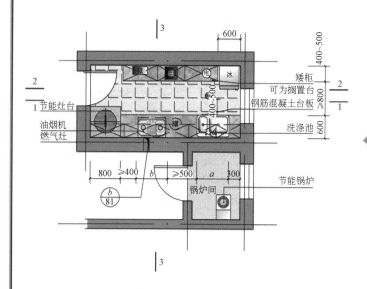

D2型厨房改造(一)平面图

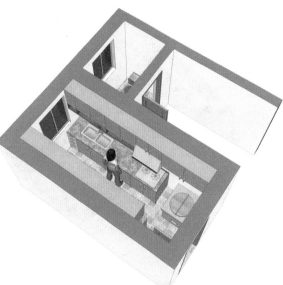

D2型厨房改造(一)效果图-1

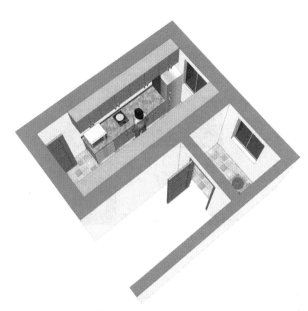

D2型厨房改造(一)效果图-2

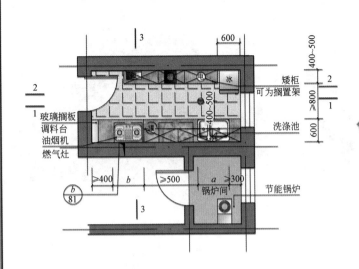

D2型厨房改造(二)平面图

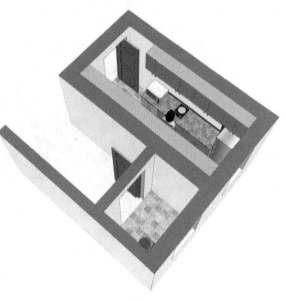

D2型厨房改造(二)效果图-1

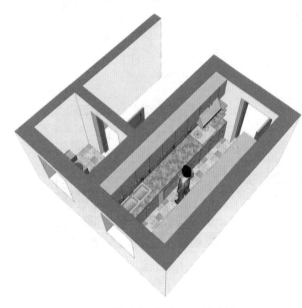

D2型厨房改造(二)效果图-2

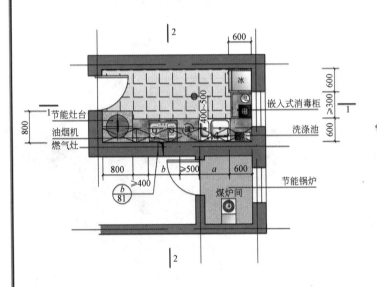

D2型厨房改造(三)平面图

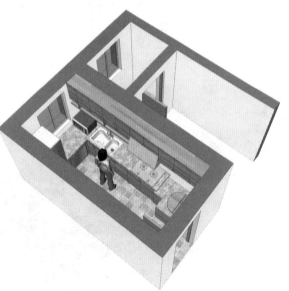

D2型厨房改造(三)效果图-1

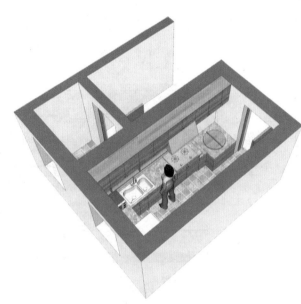

D2型厨房改造(三)效果图-2

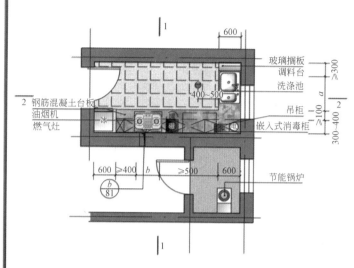

D2型厨房改造(四)平面图

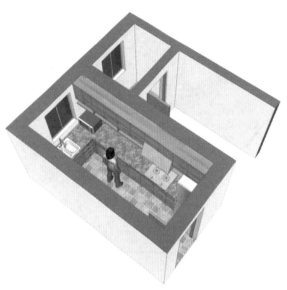

D2型厨房改造(四)效果图-1

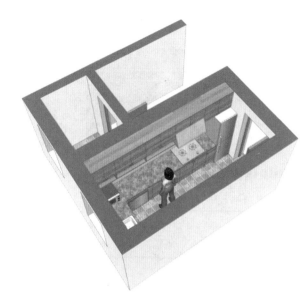

D2型厨房改造(四)效果图-2

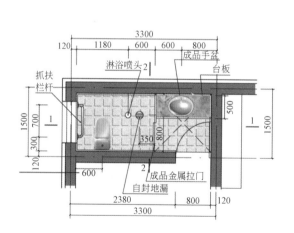

W1型卫生间改造(一)平面图

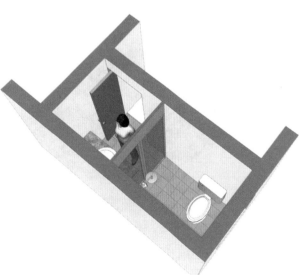

W1型卫生间改造(一)效果图-1

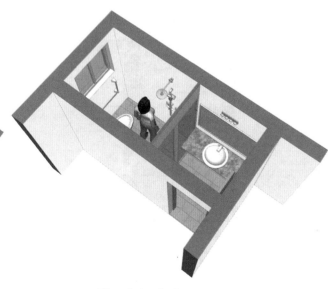

W1型卫生间改造(一)效果图-2

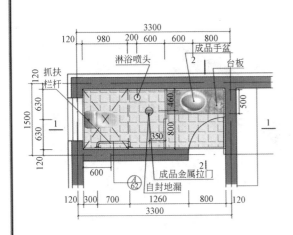

W1型卫生间改造(二)平面图

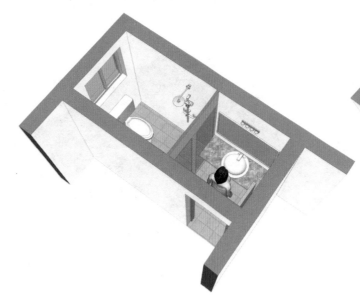

W1型卫生间改造(二)效果图-1

W1型卫生间改造(二)效果图-2

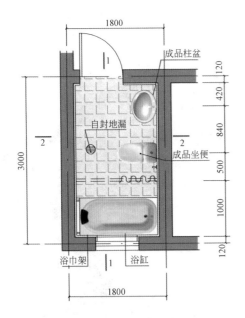

W2型卫生间改造(一)平面图

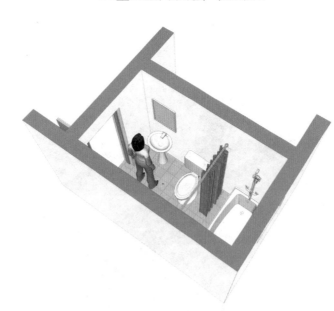

W2型卫生间改造(一)效果图-1

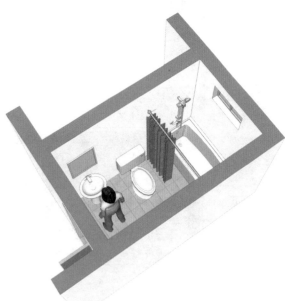

W2型卫生间改造(一)效果图-2

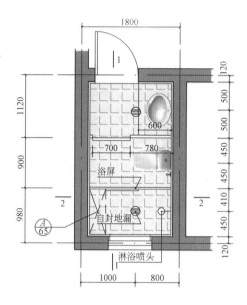

W2型卫生间改造(二)平面图

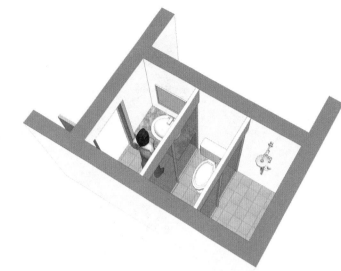

W2型卫生间改造(二)效果图-1

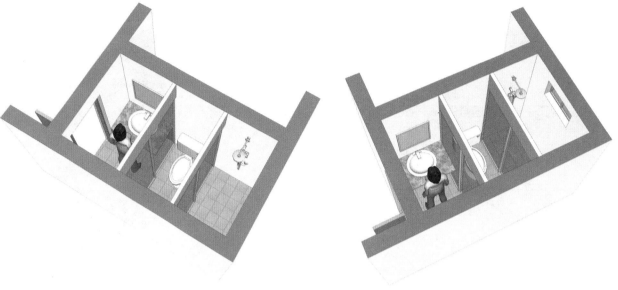

W2型卫生间改造(二)效果图-2

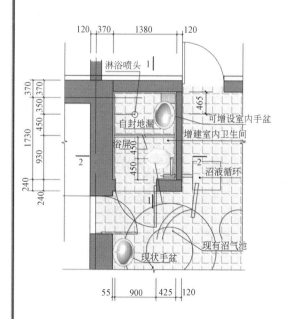

W3型卫生间改造平面图

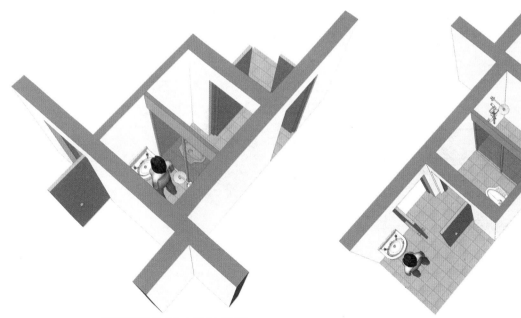

W3型卫生间改造效果图-1

W3型卫生间改造效果图-2

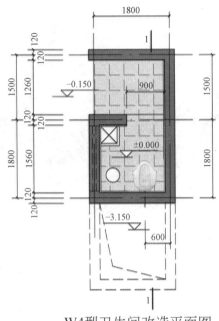

W4型卫生间改造平面图

W4型卫生间改造效果图-1

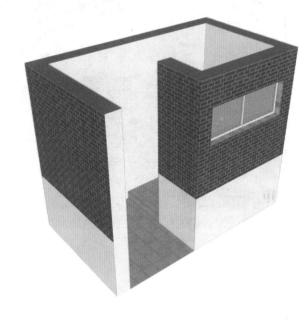

W4型卫生间改造效果图-2

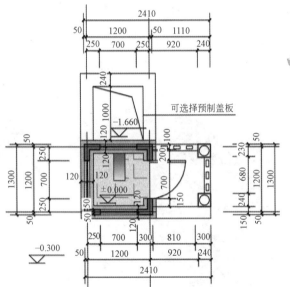

W5 A型卫生间改造平面图

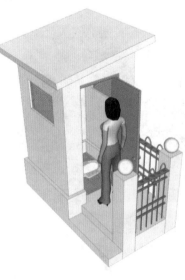

W5 A型卫生间改造效果图

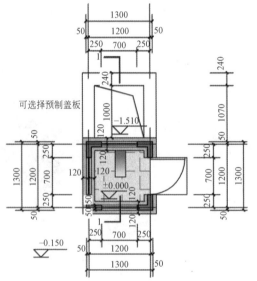

W5 B型卫生间改造平面图

W5 B型卫生间改造效果图

国家"十一五"科技支撑计划重大项目
"村镇小康住宅关键技术研究与示范"
课题3既有村镇住宅改造关键技术研究

既有村镇住宅厨卫功能提升改造参考图集

Existing rural housing reference drawings for improving the functional quality of kitchen and bathroom

金虹 吉军 康健 编著

中国建筑工业出版社

图书在版编目(CIP)数据

既有村镇住宅厨卫功能提升改造参考图集/金虹等编著. —北京：
中国建筑工业出版社，2012.1
ISBN 978-7-112-13954-5

Ⅰ. ①既… Ⅱ. ①金… Ⅲ. ①农村住宅—厨房—旧房改造—
图集②农村住宅—卫生间—旧房改造—图集 Ⅳ. ①TU241.4-64

中国版本图书馆 CIP 数据核字(2012)第 006598 号

责任编辑：李 鸽
责任设计：董建平
责任校对：姜小莲 王雪竹

既有村镇住宅厨卫功能提升改造参考图集

Existing rural housing reference drawings for improving
the functional quality of kitchen and bathroom

金虹 吉军 康健 编著

*

中国建筑工业出版社出版、发行（北京西郊百万庄）
各地新华书店、建筑书店经销
北京天成排版公司制版
北京云浩印刷有限责任公司印刷

*

开本：880×1230毫米 横1/16 印张：6¾ 字数：196千字
2012 年 7 月第一版 2012 年 7 月第一次印刷
定价：25.00 元
ISBN 978-7-112-13954-5
（21985）

编 者 按

伴随着农民生活水平的提高，既有村镇住宅的厨卫设施已经不能满足村镇居民日益增长的需求，在使用过程中给居民生活带来诸多不便与困扰，亟待改善。

本书以提升农民生活质量、方便农民使用为基本原则，以国家"十一五"科技支撑计划重大项目"既有村镇住宅改造关键技术研究"的研究成果为基础，通过对我国村镇住宅的大量调研，系统分析我国村镇住宅厨卫设施的现存问题，结合建筑设计与装饰工程实践，针对既有村镇居住建筑中有代表性的厨房及卫生设施现状，进行功能提升的改造设计。改造设计基于人体工程学并结合农民家庭环境条件，有针对性提出改变格局、改造空间、增设功能等不同措施，用户可以依据自身需求、经济条件、房屋状况等选择采用。

本书创作过程中，研究团队的很多同志给予了大量支持，特别感谢哈尔滨理工大学孙伟斌老师，中国建筑东北设计院陈茹，辽宁省北方设计院邹存宝、张庆贵对本书所作的技术支持；感谢哈尔滨工业大学张欣宇、赵巍、李新欣、吴鹄鹏、卢素梅、梁海娟、彭涛、王吉、刘若林、易法殊、刘畅、黄策、孟琪等参与设计及绘图工作；感谢李鸽编辑对本书所做的耐心细致的指导。

本书图文并茂，简单明了，通俗易懂，使用便捷，是既有村镇住宅厨卫改造的必备技术手册，适于农民、村镇技术人员、各级村镇建筑设计人员等不同层级的使用者，使用者可根据自己的需求，有目的、有选择的阅读此指南。

目　　录

编 制 说 明

一、总则

1. 编制背景

为实现社会主义新农村建设和全面建设小康社会的宏伟目标，科技部联合住房和城乡建设部、国资委、教育部、国土资源部等部门共同启动了"十一五"科技支撑计划重大项目"村镇小康住宅技术集成与示范"工作。本研究来源于金虹教授主持的"十一五"国家科技支撑计划重大项目子课题"既有村镇住宅功能改善设计关键技术研究"，课题编号：2006 BAJ040A03-02。本图集是在该课题研究成果的基础上编制的，同时也作为该课题的研究成果之一。

2. 编制依据

2.1 本图集依据国家科技支撑计划"既有村镇住宅改造"（2006 BAJ040A03）课题任务书进行编制。

2.2 本图集遵循国家有关的现行规范、标准。

《房屋建筑制图统一标准》GB/T 50001—2001

《建筑制图标准》GB/T 50104—2001

《建筑设计防火规范》GB 50016—2006

《民用建筑设计通则》GB 50352—2005

《住宅设计规范》GB 50096—2003

3. 厨房功能提升改造编制内容

3.1 本图集在大范围调研基础上提供了4类既有建筑厨房格局示例，适应广大村镇地区居民现代厨房生活模式的功能调整布局，以"工效学"原理为依据，可根据各自家庭特点改造时选用或参考使用。

3.2 本图集对4类厨房示例分别提供了厨房格局、家具布置、给排水、用电等设施的改造与设计方案，结合当地经济发展状况及家庭生活模式，可直接选用或参考使用。

3.3 本图集提供了构造节点做法及改造加固等连接措施，可根据各自家庭特点改造时选用或参考使用。

4. 卫生设施功能提升改造编制内容

4.1 本图集在大范围调研基础上提供了6类既有户内外卫生设施格局示例，适应广大村镇地区。

4.2 本图集适用于农村集镇与村庄既有住宅卫生设施功能提升改造。

4.3 本图集可供建筑设计与施工人员直接引用或参考使用。也可供村镇居民改造房屋参考使用。

5. 设计原则

5.1 厨房部分选编具有普遍特点，又适应现代村镇住宅生活发展的厨房示例进行改造。既有建筑厨房随社会生活进步发展迅速，原功能设施在适应新生活条件要求时存在很多问题，本图集尝试用通用设计模式，将新形式下村镇既有建筑厨房的功能格局进行调整，满足多种需求。

5.1.1 注重工效、设施配套及新材料、地方材料的结合。

5.1.2 改造平面空间格局遵循工效学原则，将村镇住宅厨房基本分区关系划分如图示：

5.1.3 改造空间格局将厨房工作区分为3个，即：

A 区 操作台上方至吊柜底面区间。

B 区 操作台下方空间。

C 区 吊柜底板以上空间区域。

图 5.1

各区改造内容见表5.1。

厨房空间分区改造内容　　　　　表 5.1

	位置	建筑	设备	其他
A区	操作台及上方至吊柜底面区间	调节台面尺寸与高度，小件搁物设备	水池安置，开关与插座及照明增设	考虑电炊具布置角度，小件搁物设置
B区	操作台下方空间	食品、器物、垃圾储物空间布置	各类管线安置，插座增设	考虑电器布置3类储物空间规划
C区	吊柜底板以上空间区域	合理增加空间储物	管线安置，照明与插座增设	

5.2 本图集卫生设施分为室内与户外两部分，选取调研中有代表性实例提出的。

5.2.1 充分考虑既有卫生设施在原建筑中格局不改，提升现状功能为主。

5.2.2 既有建筑中增设室内卫生间应考虑可行性，结合原有建筑设施进行改造；户外卫生设施则根据地理气候等多方面因素整体考虑。如严寒地区室外厕所无法解决冬季给水问题，必须结合旱厕进行卫生环保等方面综合改造；既有简易卫生设施可采用预制板材结构，排污设施应避免露天或直接向环境水体排放。

5.2.3 卫生间功能提升原则以干湿分离为指导思想，洗、厕、浴有条件时可三分离，所有洁具考虑成品安装。卫生间给水设备可在装修时暗装于墙壁内，所有接头管件应在墙外留设；地面面层以防滑地砖为主体，可结合地区特点与经济条件综合确定；墙面满贴瓷砖，可铺到吊顶上方100mm处，墙面防水层高度宜做到1.8米。

5.2.4 户外卫生设施形式多样，本图集提供严寒地区旱厕做法三例，用户可根据需要自行调整，排污到化粪池或沼气池等设施，应由专业队伍施工。除严寒地区外，应采用陶制成品或金属制大便器，陶管或塑料排污管连接至化粪池，用沼液冲厕时，应由专业队伍设计施工。室外卫生设施地面采用硬质、防水地面面层，大便器安设宜与厕所地面齐平，排污管无被冻问题时，应设回水弯保证水封。

5.3 卫生间选取的洁具应是节水型，管材考虑环保与耐久。

5.4 热水器一般由设备厂家上门安装，改造时保留接口即可，本图集未作专门交代。

5.5 本图集未作图示的一般构造部分可选用相关标准图或结合具体情况自行设计。

6. 使用方法

6.1 充分考虑既有厨房设施不同情况及需求，选用或参考各型厨房布局。

本图集提供改造参考示例在功能布局上主张结合村镇住宅现有条件，工效关系兼顾保留灶台操作与新炊事烹饪双向合理布局。

6.2 厨房家具与设施的构造节点及细部可供施工直接引用或参考使用。

本图集提供改造参考示例在厨房家具上以适应当前生活的板式家具为主，改造时可以自行操作或雇工打做，当选择成品橱柜时，连接五金由厂家提供。

6.3 厨房供水在无自来水保证时设手控或自动控制水泵，由自家井提供；生活污水排放到室外集中建设的化粪池处理。

6.4 厨房电路改造详见电施，操作A区增设带开关防溅插座，数量依自家家电使用情况确定；B区增设2～3组插座，满足低位家电电源使用要求；厨房插座应改造成单独回路。

6.5 卫生设施功能提升改造可根据自家实际条件进行，本图集改造部分均是针对被调研村镇住宅实例展开设计的，平面尺寸、开口位置的不同均可导致改造设计不同。

6.6 卫生洁具与设施的构造节点及细部可供施工直接引用或参考使用。

因洁具规格不同，导致安装需求不同，所以必须根据市售成品规格具体选定安装措施与连接构造。附件（如调节器、拉杆、皂盒等）安装高度可根据个人身高调整；水暖管件选型与相关洁具与设备必须配套，室内用电因保证安全，建议由专业人员对用电回路进行改造，并增加漏电保护措施；卫生间区域不应设置用电插座，条件许可时应做等电位联结。

7. 构造、材料、施工要求

7.1 施工质量应符合下列规范要求
《砌体工程施工质量验收规范》GB 50203—2002
《木结构工程施工验收质量规范》GB 50206—2002
《建筑装饰装修工程质量验收规范》GB 50210—2001

7.2 木材选用一级木材，含水率不大于15％，装饰工程木构件为优质硬质木。

7.3 砌体：地坪以上用MU10黏土多孔砖或非黏土砖，M5水泥砂浆或混合砌筑，地坪以下用当地允许使用的砌筑材料，M5水泥砂浆砌筑。

7.4 凡埋入墙内金属构件均需涂防锈漆一层，露明铁件均须涂防锈漆一道，罩面油漆两道，色彩和具体用料由改造设计者确定。

7.5 木构件连接应粘钉结合或粘卯结合，尽量避免使用铁钉，铁钉应打平避免外露。

7.6 铁件焊接，焊条用E-4300铁件连接，除图中注明外，贴角焊缝高度均采用3mm，焊缝须锉平磨光。

7.7 木构件和混凝土梁柱的连接，隔断与混凝土梁、地面、砖墙的连接，均应采用金属膨胀螺栓或塑料胀管连接，木砖尺寸60mm×120mm×120mm，间距500mm。

7.8 金属构件与砖墙、混凝土连接采用金属膨胀螺栓或结构胶埋粘螺栓。

8. 索引方法

本图集中详图的编号及索引方法以下列标志为准。

9. 其他

9.1 本图集所注尺寸，除注明外均以毫米为单位。

9.2 图集中提供的厨具、家电、设施及五金配件均参照市场销售商品，部分设施图例见表9.1。

厨 房 设 施 图 例   表9.1

序号	名称	图　　例
1	灶台	
2	水盆	
3	燃气灶	
4	电饭锅	电
5	电磁炉	磁
6	电冰箱	冰
7	微波炉	微
8	水缸	缸

9.3 图集中提供的洁具、设施及五金配件均参照市场销售商品，部分卫生设施图例见表9.2。

卫 生 设 施 图 例   表9.2

序号	名称	图　　例
1	手盆	
2	坐便	
3	蹲便器	
4	浴缸	
5	淋浴	
6	地漏	

9.4 本图集所提供的改造措施如涉及既有建筑结构改造，必须经过专业人士核验后方可施工。

二、给水、排水设计编制说明

1. 设计依据

1.1 《建筑给水排水设计规范》GB 50015—2003

1.2 《建筑给水排水及采暖工程施工质量验收规范》GB 50242—2002

2. 设计范围

本工程为改造厨房内的给水、排水设计。

3. 工程概况

本工程为既有村镇住宅厨房改造。

4. 给水系统

4.1 本建筑给水用水标准为 150L/人·d，最大日用水量为 $0.525m^3/d$，最大时用水量为 $0.055m^3/h$。

4.2 本建筑给水以用户自备水井为水源，用水由深井泵及井内稳压水罐联合供给。

5. 排水系统

5.1 本建筑排水直接排放至化粪池，经化粪池处理后排放至室外污水管网，化粪池采用玻璃钢成品。

5.2 厨房内地漏需设置水封，水封深度应大于 50mm。

6. 管材

6.1 生活给水冷、热水管：采用 PP-R 塑料管，冷水管采用 S4 系列。

6.2 排水管道采用 UPVC 塑料排水管道，粘接；排水管道坡度宜采用 0.02，坡向室外。

7. 管道试压

7.1 室内冷水 PP-R 塑料管试验压力 0.90MPa，热水 PP-R 塑料管试验压力 1.20MPa，水压试验严格按照《建筑给水聚丙烯管道工程技术规范》

GB/T 50349—2005 进行。

7.2 隐蔽或埋地的排水管道在隐蔽前必须做灌水试验，其灌水高度应不低于底层卫生器具上边缘或底层地面高度。应做"通球"试验。

8. 阀门

冷热水管道上阀门均采用铜质阀门。

9. 管道冲洗

1）冷热水管道在交付使用前必须冲洗消毒，并经卫生部门取样检验符合现行的国家标准《生活饮用水卫生标准》后，方可使用。

2）排水管冲洗以管道通畅为合格。

10. 其他

1）图中所注尺寸除管长：标高以 m 计外，其余均为"mm"计。

2）本图所注管道标高："给水"、"热水"指管中心，"污水管"等重力流管指管内底。

3）除本设计说明外，《建筑排水硬聚氯乙烯管道工程技术规程》CJJ/T 29—98

厨 房 设 施 图 例

序号	名称	图例	备注	序号	名称	图例	备注
1	水缸	缸		5	存水弯		
2	水盆			6	地漏		
3	生活给水管	—J—		7	清扫口		
4	污水管	—W—		8	水嘴		

三、电气设计编制说明

1. 设计依据
1.1 《低压配电设计规范》GB 50054—95
1.2 《民用建筑电气设计规范》JGJ 16—2008
1.3 《住宅设计规范》GB 50096—2003
1.4 《建筑电气工程施工质量验收规范》GB 50303—2002

2. 设计范围
厨房内的照明及电力系统

3. 照明电力系统
3.1 照明及电力负荷为三级负荷。

3.2 从建筑物外引来 220V 单相电源，电源引到室内配电箱。配电箱底边距地 1.6m 暗装，安装于室内便于操作的位置。计量仪表的安装位置根据当地供电部门的具体标准进行设置。

3.3 室内照明应选用发光效率高、显色性好、使用寿命长、色温相宜，符合环保要求的节能型光源。

4. 线路敷设
4.1 厨房电源插座设置独立回路。

4.2 插座设漏电保护器（动作电流小于或等于 30mA，动作时间不大于 0.1s）。安装高度详见图例说明。

4.3 配电线路均采用 BV-500V 聚氯乙烯绝缘铜芯导线穿钢管暗敷设，导线截面及穿管管径见系统图。照明及插座支路未特殊标注均采用 BV-500-2.5mm² 导线穿钢管暗敷设，照明及空调插座沿顶板、吊顶及墙内暗敷设，二、三孔安全型插座沿地面及墙内暗敷。照明及插座支路，2～3 根穿 SC15 管，4～5 根穿 SC20 管。导线管径详见系统图。

5. 图例说明

序号	图例	名称	规格	安装方式
1		断路器盒	内置 63/2P-C20A 断路器	暗装，底边距地 1.6m
2		照明配电箱		暗装，底边距地 1.6m
3		防水防尘灯	30W 节能型	吸顶安装
4		单相二、三孔插座	250V/10A 防溅型	暗装，底边距地 0.3m
5		单相二、三孔插座	250V/10A	暗装，底边距地 2.0m
6		单相二、三孔插座	250V/10A 防溅型　带开关	暗装，底边距地 1.3m
7		双联跷板开关	250V/10A	暗装，底边距地 1.3m
8		单联跷板开关	250V/10A	暗装，底边距地 1.3m

一、厨房改造

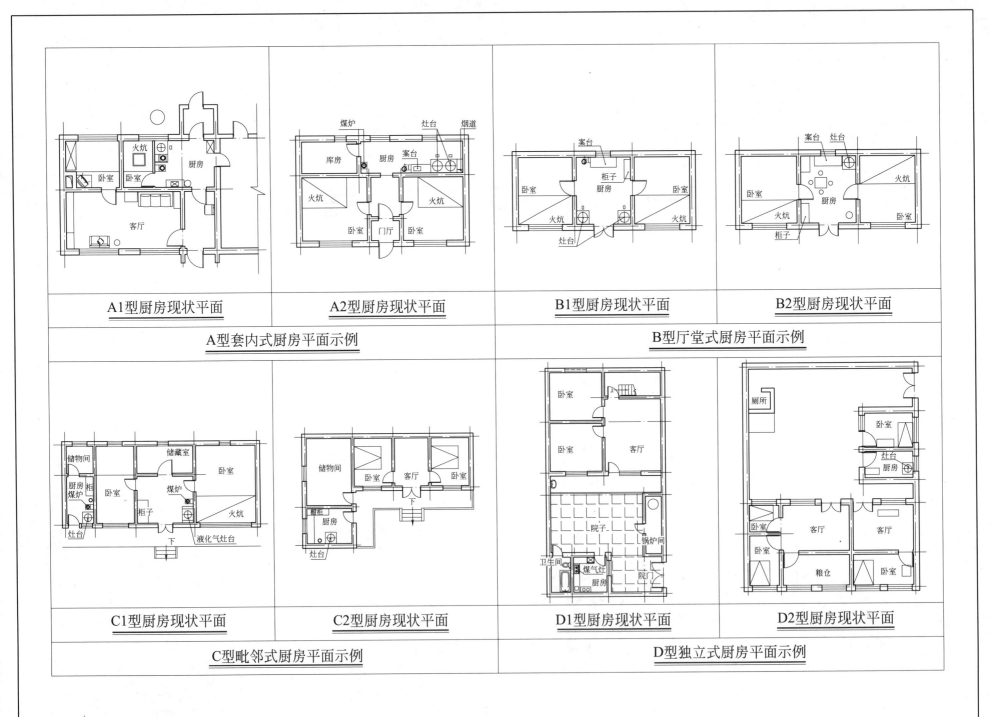

A1型厨房现状平面	A2型厨房现状平面

A型套内式厨房平面示例

B1型厨房现状平面	B2型厨房现状平面

B型厅堂式厨房平面示例

C1型厨房现状平面	C2型厨房现状平面

C型毗邻式厨房平面示例

D1型厨房现状平面	D2型厨房现状平面

D型独立式厨房平面示例

村镇厨房现状平面示例

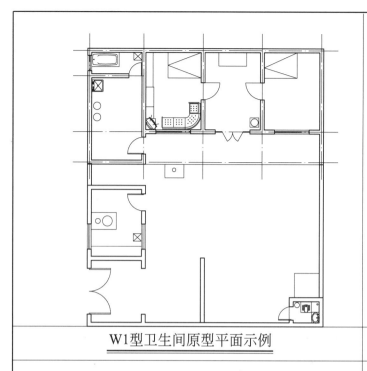

W1型卫生间原型平面示例

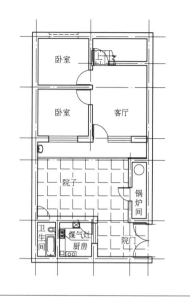

W2型卫生间原型平面示例

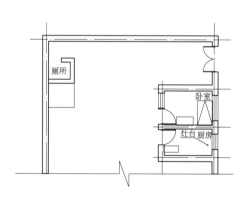

W3型卫生间原型平面示例

W4型厕所原型平面示例

W5型厕所原型示例

村镇卫生设施现状平面示例

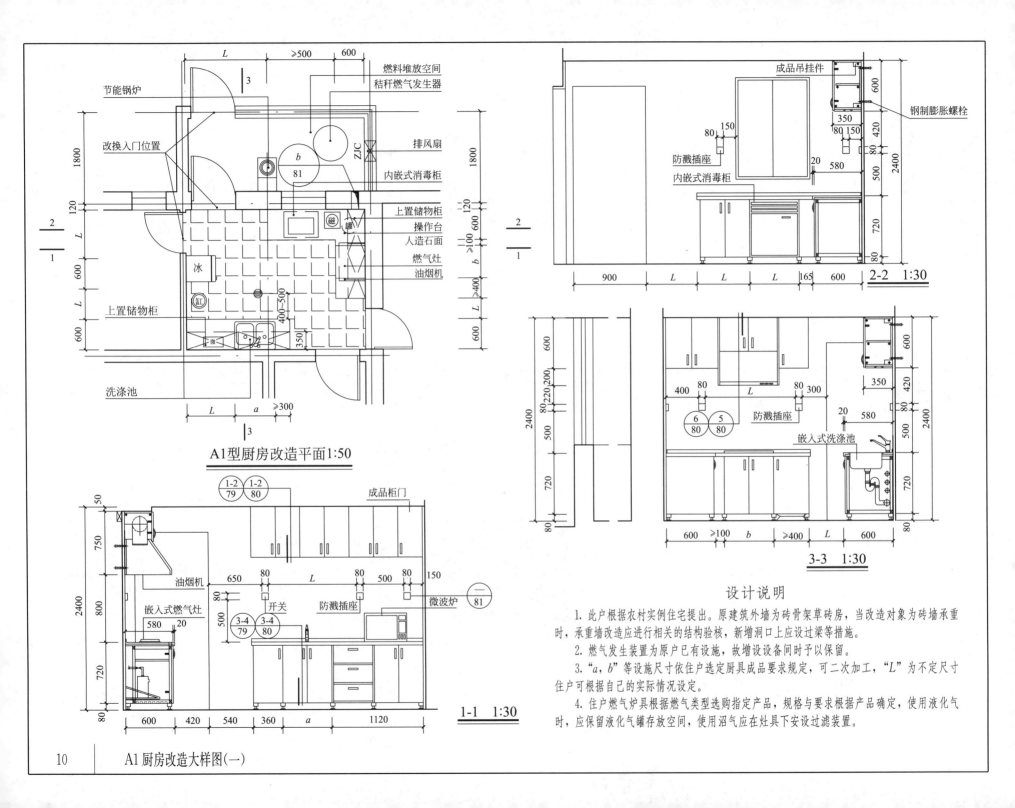

A1型厨房改造平面 1:50

A1厨房改造大样图(一)

1-1 1:30

2-2 1:30

3-3 1:30

设计说明

1. 此户根据农村实例住宅提出。原建筑外墙为砖骨架草砖房，当改造对象为砖墙承重时，承重墙改造应进行相关的结构验核，新增洞口上应设过梁等措施。

2. 燃气发生装置为原户已有设施，故增设设备间时予以保留。

3. "a, b"等设施尺寸依住户选定厨具成品要求规定，可二次加工，"L"为不定尺寸住户可根据自己的实际情况设定。

4. 住户燃气炉具根据燃气类型选购指定产品，规格与要求根据产品确定，使用液化气时，应保留液化气罐存放空间，使用沼气应在灶具下安设过滤装置。

节能锅炉
改换入门位置
燃料堆放空间
秸秆燃气发生器
排风扇
内嵌式消毒柜
上置储物柜
操作台
人造石面
燃气灶
油烟机
上置储物柜
洗涤池
冰
缸
微
罐

成品吊挂件
钢制膨胀螺栓
防溅插座
内嵌式消毒柜

嵌入式洗涤池
防溅插座

成品柜门
油烟机
开关
防溅插座
微波炉
嵌入式燃气灶

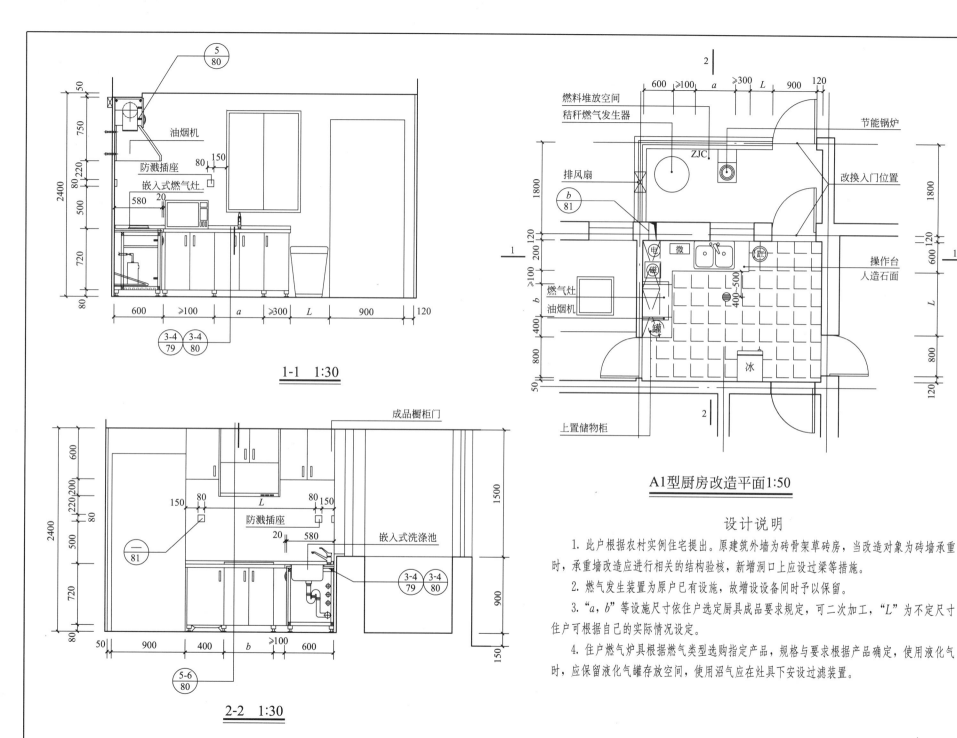

1-1　1:30

油烟机
防溅插座
嵌入式燃气灶

2-2　1:30

成品橱柜门
防溅插座
嵌入式洗涤池

A1型厨房改造平面1:50

燃料堆放空间
秸秆燃气发生器
排风扇
燃气灶
油烟机
上置储物柜

节能锅炉
改换入门位置
操作台
人造石面

设计说明

1. 此户根据农村实例住宅提出。原建筑外墙为砖骨架草砖房，当改造对象为砖墙承重时，承重墙改造应进行相关的结构验核，新增洞口上应设过梁等措施。

2. 燃气发生装置为原户已有设施，故增设设备间时予以保留。

3. "a, b"等设施尺寸依住户选定厨具成品要求规定，可二次加工，"L"为不定尺寸住户可根据自己的实际情况设定。

4. 住户燃气炉具根据燃气类型选购指定产品，规格与要求根据产品确定，使用液化气时，应保留液化气罐存放空间，使用沼气应在灶具下安设过滤装置。

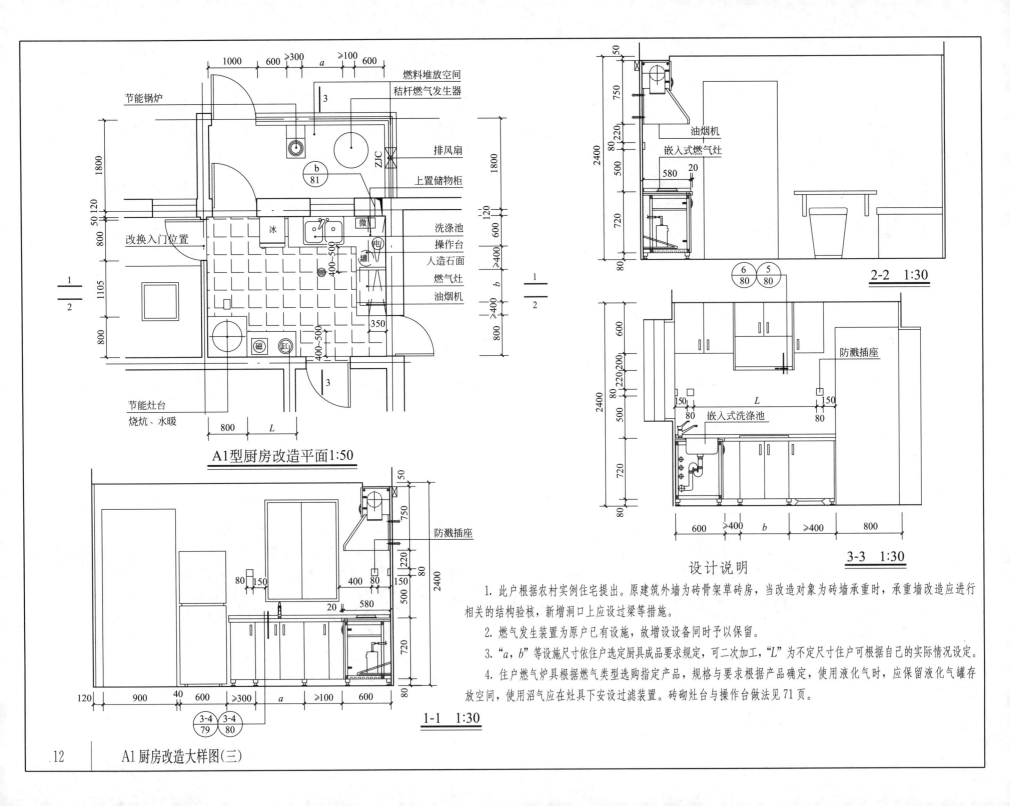

A1型厨房改造平面1:50

燃料堆放空间
秸秆燃气发生器
节能锅炉
排风扇
上置储物柜
改换入门位置
洗涤池
操作台
人造石面
燃气灶
油烟机
节能灶台
烧炕、水暖

油烟机
嵌入式燃气灶

2-2 1:30

防溅插座
嵌入式洗涤池

3-3 1:30

防溅插座

1-1 1:30

A1厨房改造大样图(三)

设 计 说 明

1. 此户根据农村实例住宅提出。原建筑外墙为砖骨架草砖房,当改造对象为砖墙承重时,承重墙改造应进行相关的结构验核,新增洞口上应设过梁等措施。

2. 燃气发生装置为原户已有设施,故增设设备间时予以保留。

3. "a,b"等设施尺寸依住户选定厨具成品要求规定,可二次加工,"L"为不定尺寸住户可根据自己的实际情况设定。

4. 住户燃气炉具根据燃气类型选购指定产品,规格与要求根据产品确定,使用液化气时,应保留液化气罐存放空间,使用沼气应在灶具下安设过滤装置。砖砌灶台与操作台做法见71页。

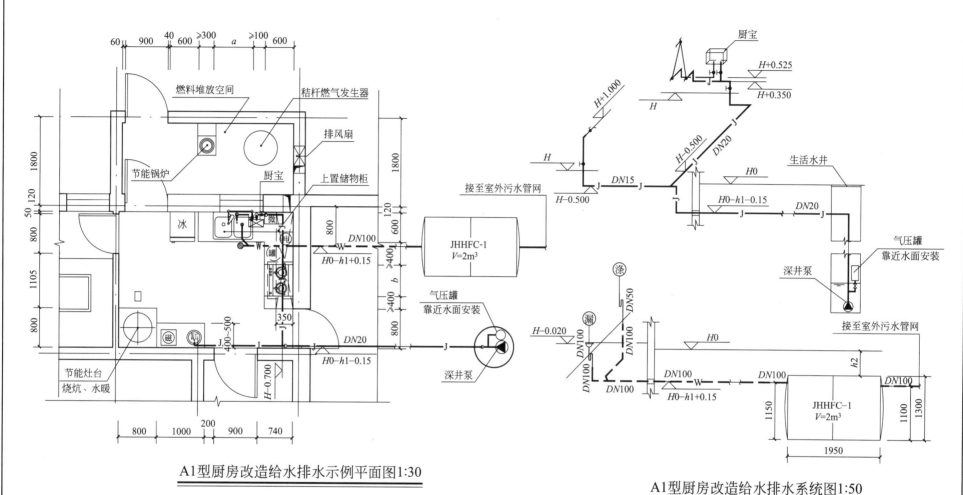

A1型厨房改造给水排水示例平面图1:30

A1型厨房改造给水排水系统图1:50

1. H 为室内设计地面标高。
2. H0 为室外设计地面标高。
3. h1 为当地最大冻土深度。
4. h2 依据当地实际情况确定。
5. 气压罐靠近水面安装，严寒及寒冷地区应考虑防冻。
6. 深井泵根据当地水位用户自行选定。

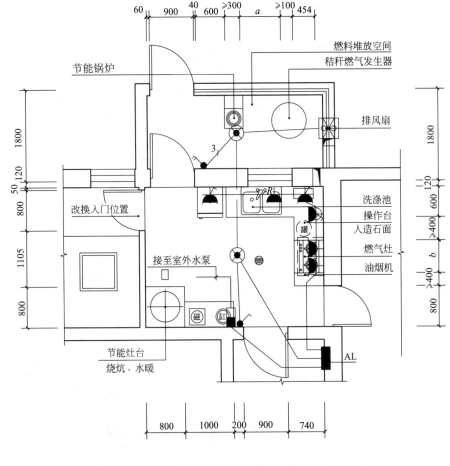

60 900 40 600 ≥300 a ≥100 454

节能锅炉

燃料堆放空间
秸秆燃气发生器

排风扇

改换入门位置

接至室外水泵

节能灶台
烧炕、水暖

洗涤池
操作台
人造石面
燃气灶
油烟机

800 1000 200 900 740

A1厨房改造电气示例1:50

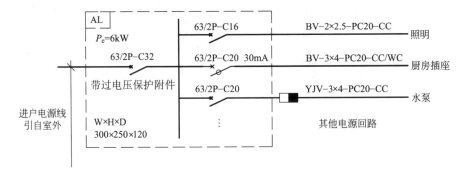

配电箱系统图

AL

$P_e=6kW$

63/2P-C16   BV-2×2.5-PC20-CC   照明

63/2P-C32

63/2P-C20 30mA   BV-3×4-PC20-CC/WC   厨房插座

带过电压保护附件

63/2P-C20   YJV-3×4-PC20-CC   水泵

进户电源线
引自室外

W×H×D
300×250×120

其他电源回路

图例:

━ 照明配电箱暗装,底边距地1.6m。

ᗌ 单、双联跷板开关 250V/10A暗装,底边距地1.3m。

▼ 单相二、三孔插座250V/10A防溅型,带开关,暗装,底边距地1.3m。

▼ 单相二、三孔插座250V/10A暗装,底边距地2.0m。

▼ 单相二、三孔插座250V/10A防溅型,暗装,底边距地0.3m。

⊗ 防水防尘灯30W节能型 吸顶安装。

▢ 断路器盒内置63/2P-C20断路器暗装,底边距地1.6m。

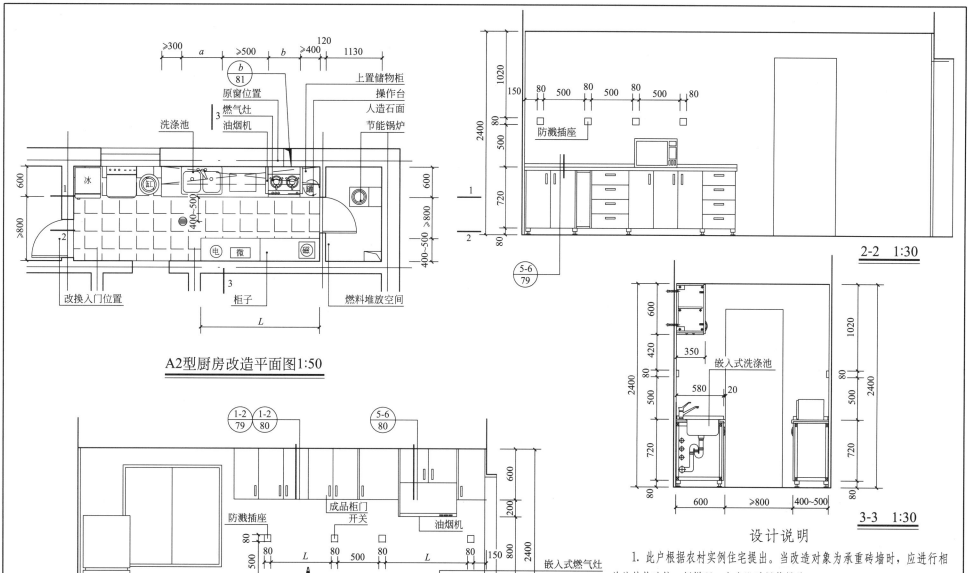

A2型厨房改造平面图1:50

2-2 1:30

3-3 1:30

1-1 1:30

设计说明

1. 此户根据农村实例住宅提出。当改造对象为承重砖墙时，应进行相关的结构验核，新增洞口上应设过梁等措施。

2. "a, b" 等设施尺寸依住户选定厨具成品要求规定，可二次加工，"L" 为不定尺寸住户可根据自己的实际情况设定。

3. 住户燃气炉具根据燃气类型选购指定产品，规格与要求根据产品确定，使用液化气时，应保留液化气罐存放空间，使用沼气应在灶具下安设过滤装置。

A2厨房改造大样图(一)

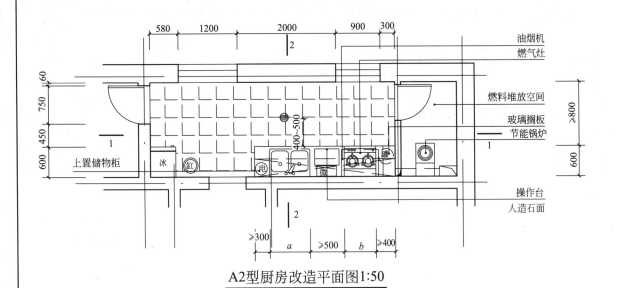

油烟机
燃气灶
燃料堆放空间
玻璃搁板
节能锅炉
上置储物柜
冰
缸
电
微
罐
操作台
人造石面

≥300 a ≥500 b ≥400

A2型厨房改造平面图1:50

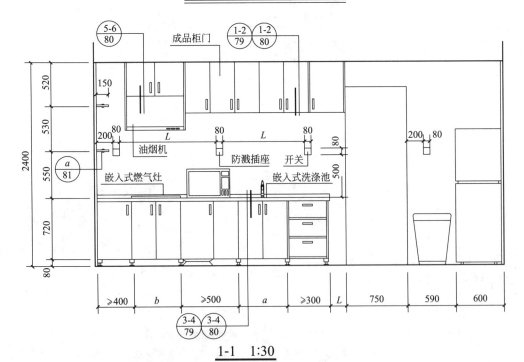

成品柜门
油烟机
防溅插座
开关
嵌入式燃气灶
嵌入式洗涤池

≥400 b ≥500 a ≥300 L 750 590 600

1-1 1:30

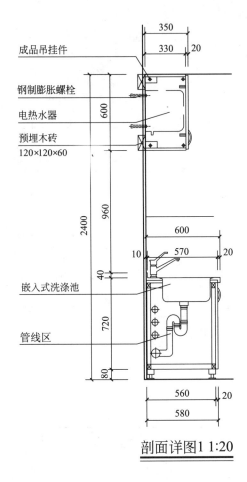

成品吊挂件
钢制膨胀螺栓
电热水器
预埋木砖
120×120×60
嵌入式洗涤池
管线区

剖面详图1 1:20

设计说明

1. "a, b" 等设施尺寸依住户选定厨具成品要求规定,可二次加工,"L" 为不定尺寸住户可根据自己的实际情况设定。

2. 住户燃气炉具根据燃气类型选购指定产品,规格与要求根据产品确定,使用液化气时,应保留液化气罐存放空间,使用沼气应在灶具下安设过滤装置。

3. 砖砌灶台与操作台做法见71页。

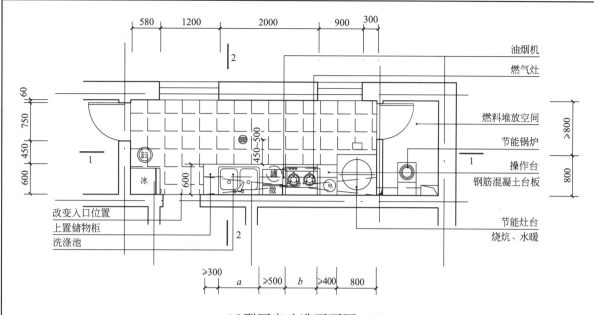

A2型厨房改造平面图1:50

油烟机
燃气灶
燃料堆放空间
节能锅炉
操作台
钢筋混凝土台板
节能灶台
烧炕、水暖

改变入口位置
上置储物柜
洗涤池

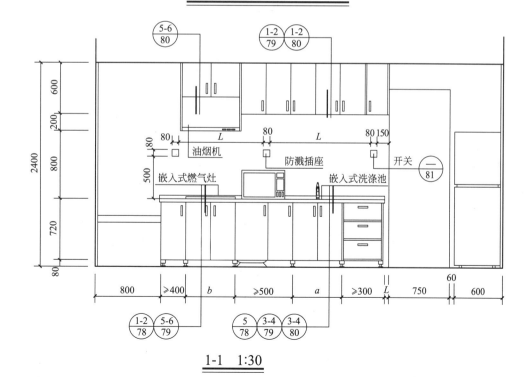

油烟机
防溅插座
开关
嵌入式燃气灶
嵌入式洗涤池

1-1 1:30

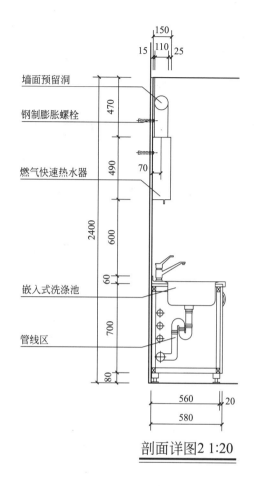

墙面预留洞
钢制膨胀螺栓
燃气快速热水器
嵌入式洗涤池
管线区

剖面详图2 1:20

设计说明

1. "a，b"等设施尺寸依住户选定厨具成品要求规定，可二次加工，"L"为不定尺寸住户可根据自己的实际情况设定。

2. 住户燃气炉具根据燃气类型选购指定产品，规格与要求根据产品确定，使用液化气时，应保留液化气罐存放空间，使用沼气应在灶具下安设过滤装置。

3. 砖砌灶台与操作台做法见71页。

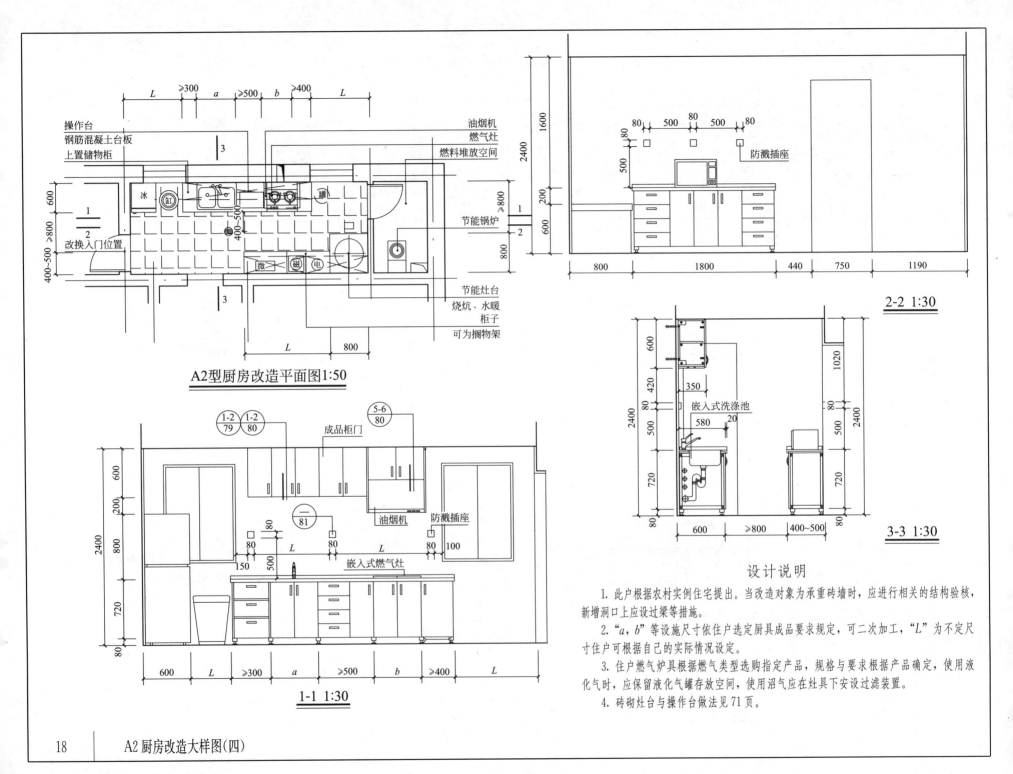

操作台
钢筋混凝土台板
上置储物柜

油烟机
燃气灶
燃料堆放空间

改换入门位置

节能锅炉
节能灶台
烧炕、水暖
柜子
可为搁物架

A2型厨房改造平面图1:50

成品柜门

油烟机
防溅插座

嵌入式燃气灶

1-1 1:30

防溅插座

2-2 1:30

嵌入式洗涤池

3-3 1:30

设 计 说 明

 1. 此户根据农村实例住宅提出。当改造对象为承重砖墙时，应进行相关的结构验核，新增洞口上应设过梁等措施。

 2. "a，b"等设施尺寸依住户选定厨具成品要求规定，可二次加工，"L"为不定尺寸住户可根据自己的实际情况设定。

 3. 住户燃气炉具根据燃气类型选购指定产品，规格与要求根据产品确定，使用液化气时，应保留液化气罐存放空间，使用沼气应在灶具下安设过滤装置。

 4. 砖砌灶台与操作台做法见71页。

A2厨房改造大样图(四)

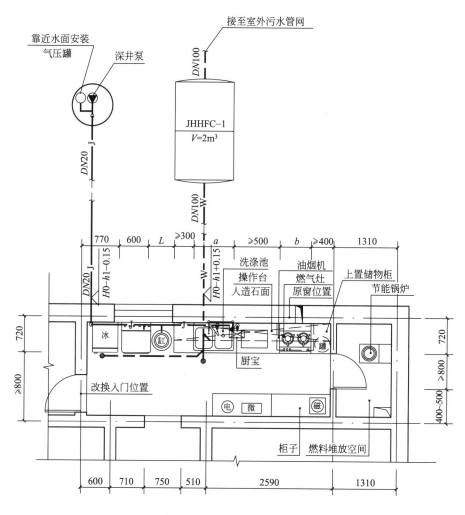

A2型厨房改造给水排水平面图1:50

1. H 为室内设计地面标高。

2. H0 为室外设计地面标高。

3. h1 为当地最大冻土深度。

4. h2 依据当地实际情况确定。

5. 气压罐靠近水面安装，严寒及寒冷地区应考虑防冻。

6. 深井泵根据当地水位用户自行选定。

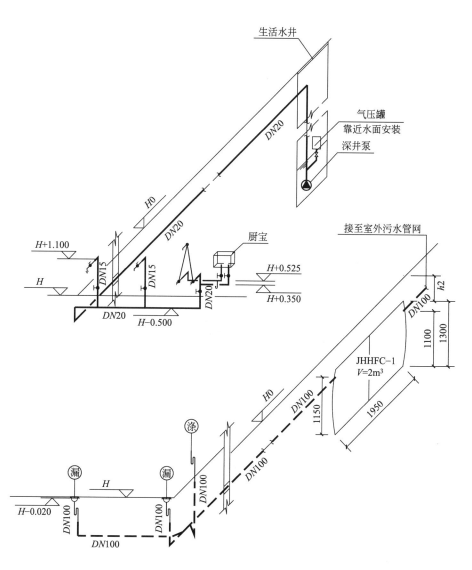

A2型厨房改造给水排水系统图1:50

A2型厨房改造给水排水示例 | 19

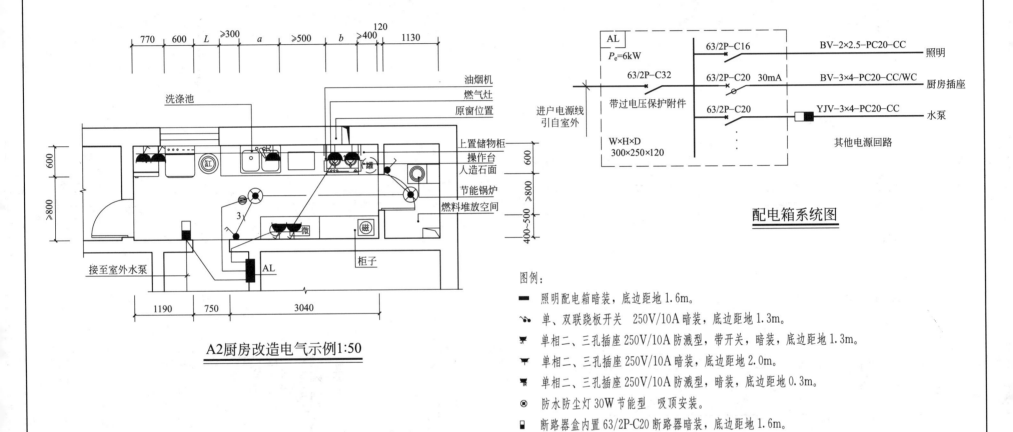

A2厨房改造电气示例1:50

配电箱系统图

图例:

■ 照明配电箱暗装,底边距地1.6m。

╲ 单、双联跷板开关 250V/10A暗装,底边距地1.3m。

╤ 单相二、三孔插座 250V/10A 防溅型,带开关,暗装,底边距地1.3m。

╤ 单相二、三孔插座 250V/10A暗装,底边距地2.0m。

╤ 单相二、三孔插座 250V/10A 防溅型,暗装,底边距地0.3m。

⊗ 防水防尘灯 30W节能型 吸顶安装。

■ 断路器盒内置63/2P-C20断路器暗装,底边距地1.6m。

A2厨房改造电气示例

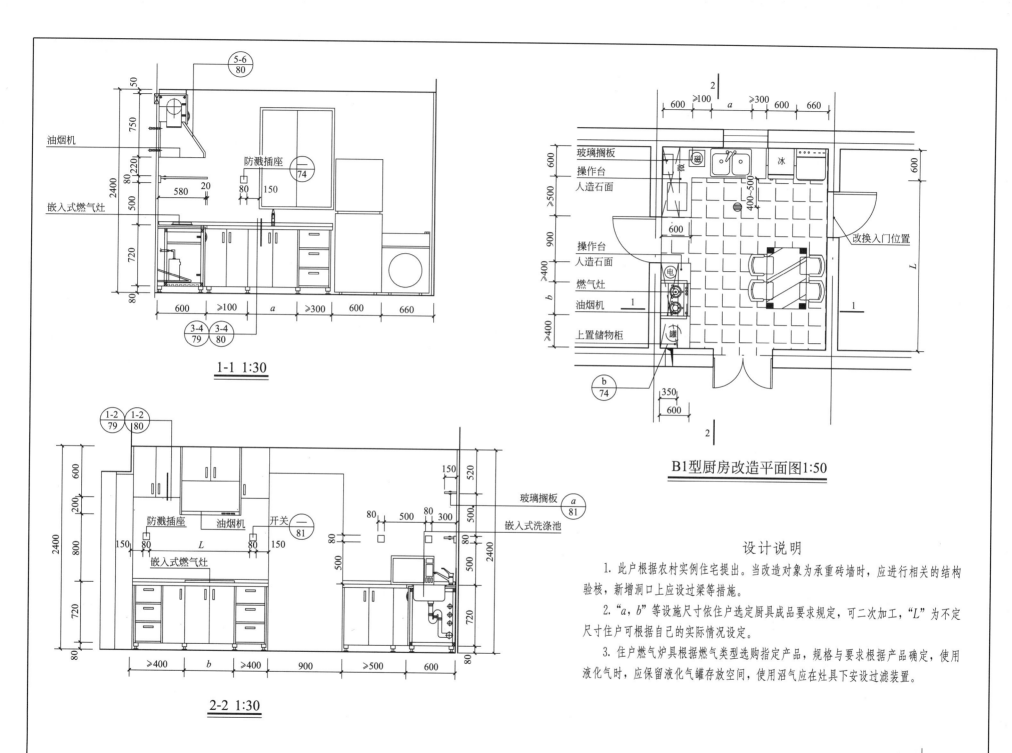

1-1 1:30

油烟机

嵌入式燃气灶

防溅插座

2-2 1:30

防溅插座
油烟机
开关
嵌入式燃气灶
玻璃搁板
嵌入式洗涤池

玻璃搁板
操作台
人造石面
操作台
人造石面
燃气灶
油烟机
上置储物柜
改换入门位置

冰

B1型厨房改造平面图1:50

设计说明

1. 此户根据农村实例住宅提出。当改造对象为承重砖墙时，应进行相关的结构验核，新增洞口上应设过梁等措施。

2. "a，b"等设施尺寸依住户选定厨具成品要求规定，可二次加工，"L"为不定尺寸住户可根据自己的实际情况设定。

3. 住户燃气炉具根据燃气类型选购指定产品，规格与要求根据产品确定，使用液化气时，应保留液化气罐存放空间，使用沼气应在灶具下安设过滤装置。

B1型厨房改造大样图(一)　21

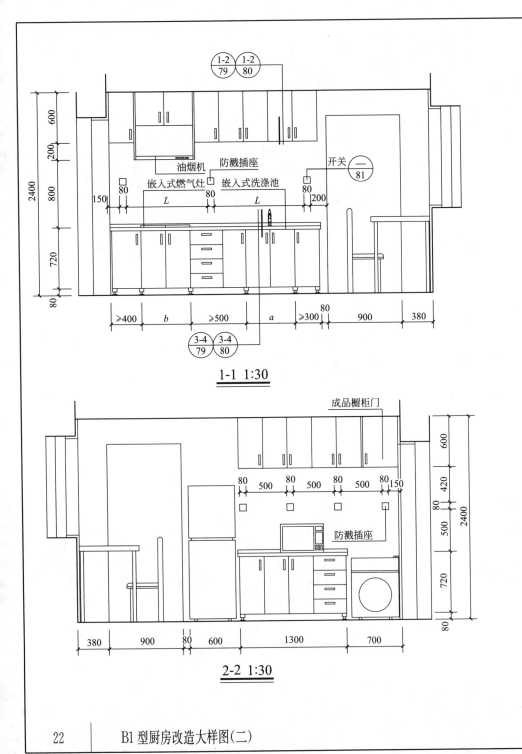

防溅插座

油烟机　防溅插座　　　　　　开关
嵌入式燃气灶　嵌入式洗涤池

1-1　1:30

成品橱柜门

防溅插座

2-2　1:30

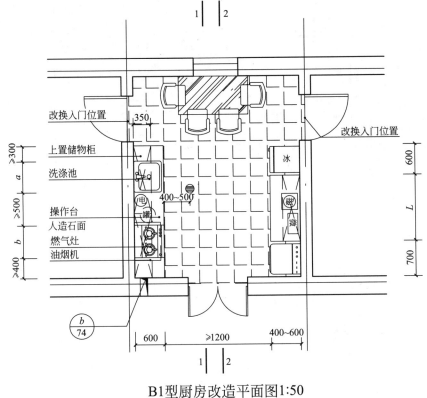

改换入门位置　　　　　　　　　　　改换入门位置

上置储物柜
洗涤池
操作台
人造石面
燃气灶
油烟机

冰

B1型厨房改造平面图1:50

设计说明

1. 此户根据农村实例住宅提出。当改造对象为承重砖墙时，应进行相关的结构验核，新增洞口上应设过梁等措施。

2. "a，b" 等设施尺寸依住户选定厨具成品要求规定，可二次加工，"L" 为不定尺寸住户可根据自己的实际情况设定。

3. 住户燃气炉具根据燃气类型选购指定产品，规格与要求根据产品确定，使用液化气时，应保留液化气罐存放空间，使用沼气应在灶具下安设过滤装置。

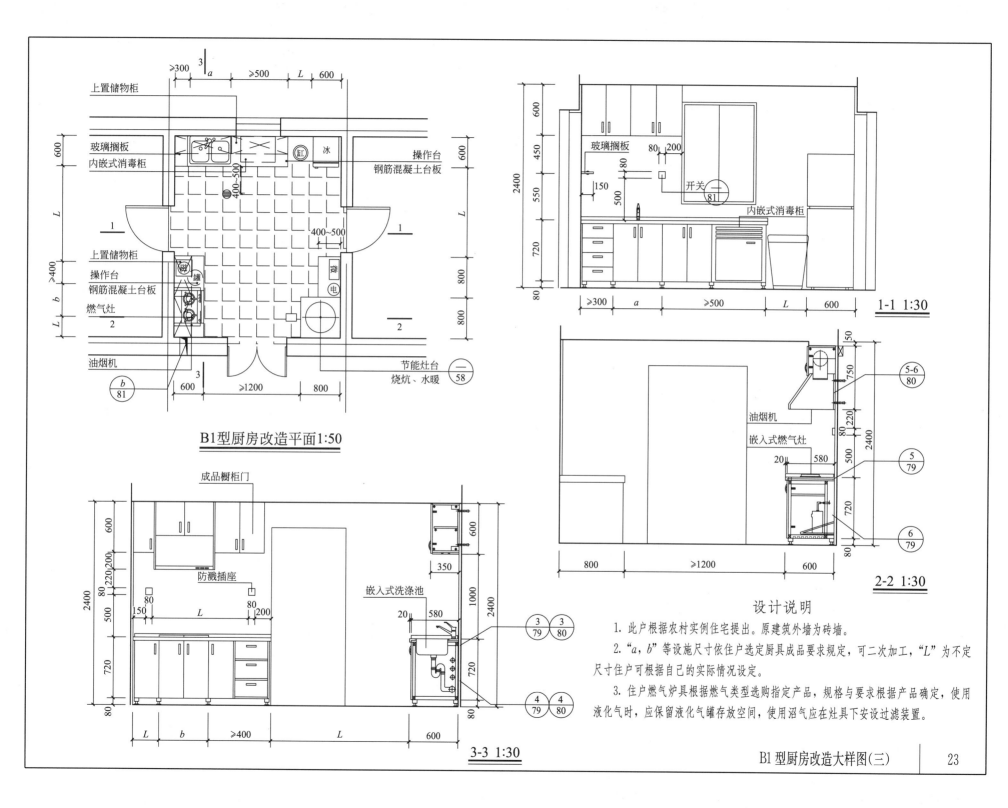

上置储物柜
玻璃搁板
内嵌式消毒柜

≥300 3 a ≥500 L 600

600

操作台
钢筋混凝土台板

冰
缸

400~500

1   1

上置储物柜
操作台
钢筋混凝土台板
燃气灶

≥400 b

2   2

400~500

油烟机

b 600 ≥1200 800
81

节能灶台
烧炕、水暖 一
58

B1型厨房改造平面1:50

2400 600 450 550 720 80

玻璃搁板 80 200
150 80
500 150

开关
81

内嵌式消毒柜

≥300 a ≥500 L 600

1-1 1:30

成品橱柜门

2400 600 220 200 80 500 720 80

防溅插座

80 80
150 L 200

嵌入式洗涤池

350 600
1000 2400 720 80

20 580

3 3
79 80

4 4
79 80

L b ≥400 L 600

3-3 1:30

油烟机

嵌入式燃气灶

50 750 220 80 500 2400 720 80

20 580

5-6
80

5
79

6
79

800 ≥1200 600

2-2 1:30

设计说明

1. 此户根据农村实例住宅提出。原建筑外墙为砖墙。

2. "a, b"等设施尺寸依住户选定厨具成品要求规定，可二次加工，"L"为不定尺寸住户可根据自己的实际情况设定。

3. 住户燃气炉具根据燃气类型选购指定产品，规格与要求根据产品确定，使用液化气时，应保留液化气罐存放空间，使用沼气应在灶具下安设过滤装置。

B1型厨房改造大样图(三) 23

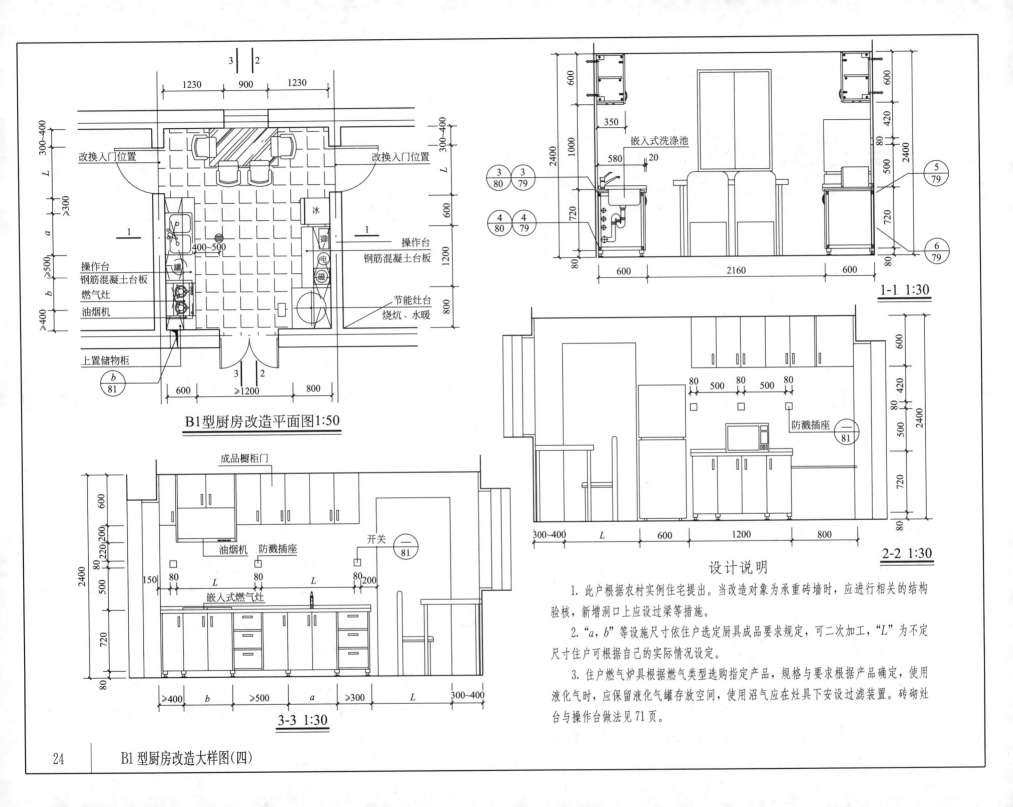

B1型厨房改造平面图1:50

改换入门位置
改换入门位置
操作台
钢筋混凝土台板
节能灶台
烧炕、水暖
操作台
钢筋混凝土台板
燃气灶
油烟机
上置储物柜
冰
箱
电
磁

嵌入式洗涤池

1-1 1:30

2-2 1:30

成品橱柜门
油烟机
防溅插座
开关
嵌入式燃气灶

3-3 1:30

防溅插座

设计说明

1. 此户根据农村实例住宅提出。当改造对象为承重砖墙时，应进行相关的结构验核，新增洞口上应设过梁等措施。

2. "a，b"等设施尺寸依住户选定厨具成品要求规定，可二次加工，"L"为不定尺寸住户可根据自己的实际情况设定。

3. 住户燃气炉具根据燃气类型选购指定产品，规格与要求根据产品确定，使用液化气时，应保留液化气罐存放空间，使用沼气应在灶具下安设过滤装置。砖砌灶台与操作台做法见71页。

B1型厨房改造大样图(四)

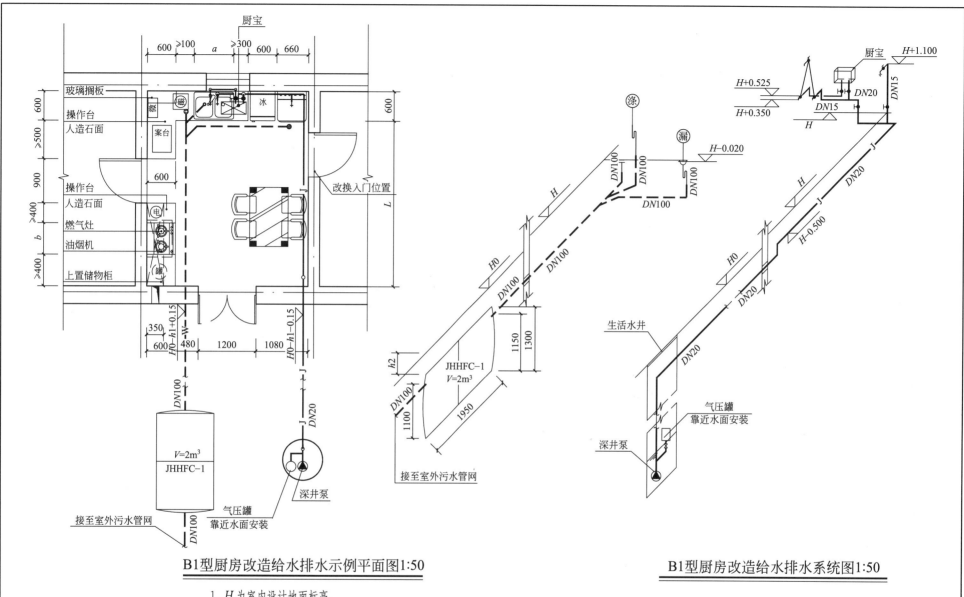

B1型厨房改造给水排水示例平面图1:50

B1型厨房改造给水排水系统图1:50

1. H 为室内设计地面标高。
2. H0 为室外设计地面标高。
3. h1 为当地最大冻土深度。
4. h2 依据当地实际情况确定。
5. 气压罐靠近水面安装，严寒及寒冷地区应考虑防冻。
6. 深井泵根据当地水位用户自行选定。

B1型厨房改造给水排水示例 | 25

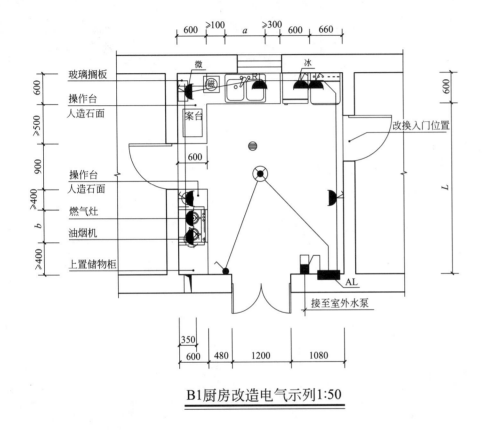

B1厨房改造电气示列1:50

配电箱系统图

图例：

▬ 照明配电箱暗装，底边距地1.6m。

⌐ 单、双联跷板开关 250V/10A暗装，底边距地1.3m。

⊤ 单相二、三孔插座 250V/10A 防溅型，带开关，暗装，底边距地1.3m。

⊤ 单相二、三孔插座 250V/10A暗装，底边距地2.0m。

⊤ 单相二、三孔插座 250V/10A 防溅型，暗装，底边距地0.3m。

⊗ 防水防尘灯 30W节能型 吸顶安装。

▪ 断路器盒内置63/2P-C20断路器暗装，底边距地1.6m。

配电箱系统图中：

AL
P_e=6kW
63/2P-C32 带过电压保护附件
W×H×D
300×250×120

进户电源线引自室外

63/2P-C16 BV-2×2.5-PC20-CC 照明
63/2P-C20 30mA BV-3×4-PC20-CC/WC 厨房插座
63/2P-C20 YJV-3×4-PC20-CC 水泵

其他电源回路

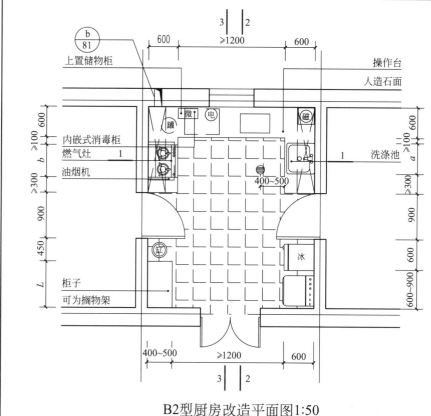

上置储物柜
操作台
人造石面

内嵌式消毒柜
燃气灶 1
油烟机

洗涤池

400~500

柜子
可为搁物架

B2型厨房改造平面图1:50

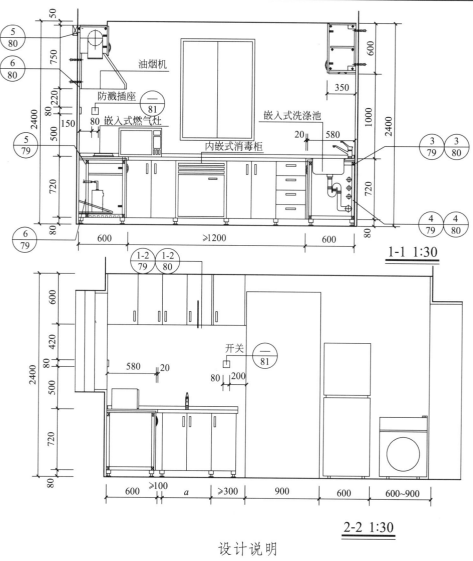

油烟机

防溅插座

嵌入式洗涤池

嵌入式燃气灶

内嵌式消毒柜

1-1 1:30

开关

2-2 1:30

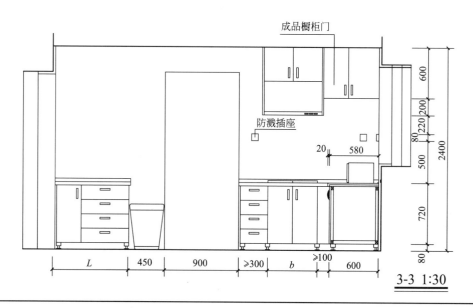

成品橱柜门

防溅插座

3-3 1:30

设计说明

1. 此户根据农村实例住宅提出。当改造对象为承重砖墙时,应进行相关的结构验核,新增洞口上应设过梁等措施。

2. "a,b"等设施尺寸依住户选定厨具成品要求规定,可二次加工,"L"为不定尺寸住户可根据自己的实际情况设定。

3. 住户燃气炉具根据燃气类型选购指定产品,规格与要求根据产品确定,使用液化气时,应保留液化气罐存放空间,使用沼气应在灶具下安设过滤装置。

B2型厨房改造大样图(一) 27

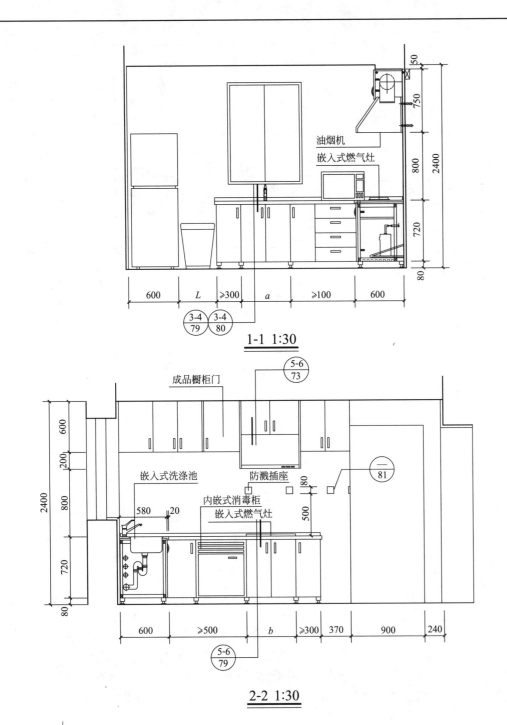

1-1 1:30

2-2 1:30

油烟机
嵌入式燃气灶

成品橱柜门
嵌入式洗涤池
防溅插座
内嵌式消毒柜
嵌入式燃气灶

上置储物柜
操作台
人造石面
内嵌式消毒柜
燃气灶
油烟机
改换入门位置
冰 缸 微 磁 电 罐

B2型厨房改造平面图1:50

设计说明

1. 此户根据农村实例住宅提出。当改造对象为承重砖墙时，应进行相关的结构验核，新增洞口上应设过梁等措施。

2. "a，b" 等设施尺寸依住户选定厨具成品要求规定，可二次加工，"L"为不定尺寸住户可根据自己的实际情况设定。

3. 住户燃气炉具根据燃气类型选购指定产品，规格与要求根据产品确定，使用液化气时，应保留液化气罐存放空间，使用沼气应在灶具下安设过滤装置。

B2型厨房改造大样图(二)

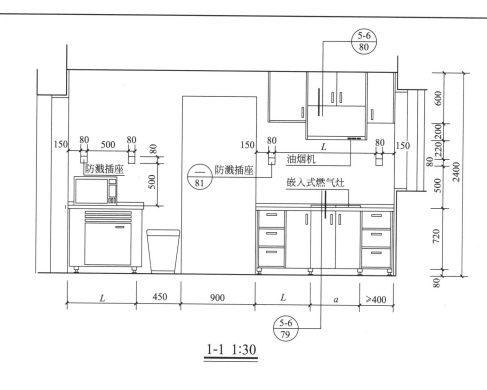

1-1 1:30

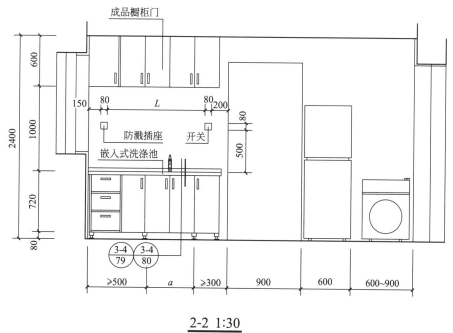

2-2 1:30

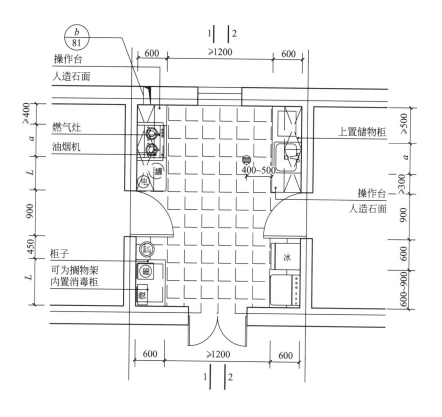

B2型厨房改造平面图1:50

设 计 说 明

1. "a, b"等设施尺寸依住户选定厨具成品要求规定,可二次加工,"L"为不定尺寸住户可根据自己的实际情况设定。

2. 住户燃气炉具根据燃气类型选购指定产品,规格与要求根据产品确定,使用液化气时,应保留液化气罐存放空间,使用沼气应在灶具下安设过滤装置。

B2型厨房改造大样图(三) 29

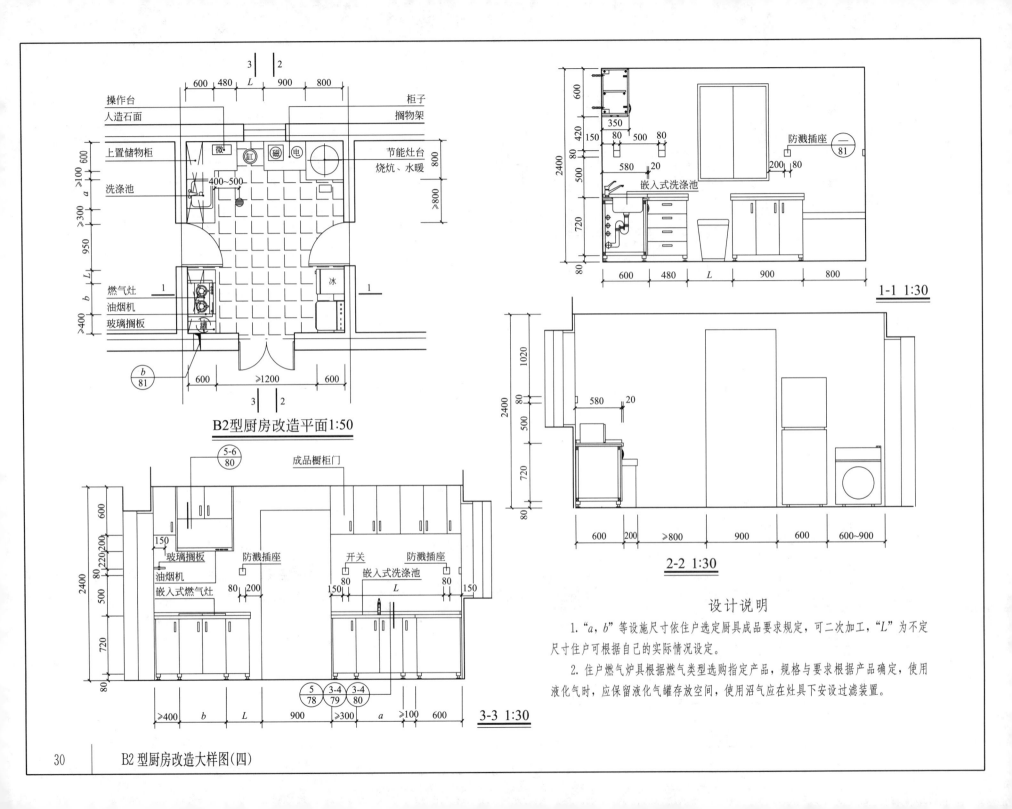

B2型厨房改造平面1:50

操作台
人造石面
上置储物柜
洗涤池
燃气灶
油烟机
玻璃搁板

柜子
搁物架
节能灶台
烧炕、水暖
冰
微
缸
磁
电

400~500
600 480 *L* 900 800
600 ≥1200 600
≥100 ≥300 950 *a* 600 *L* *b* ≥400
>800 800

$\frac{b}{81}$

1-1 1:30

嵌入式洗涤池
防溅插座

$\frac{}{81}$

600 420 150 80 500 80 80 580 20 200 80 720 500 2400 80
600 480 *L* 900 800

2-2 1:30

1020 2400 500 720 80
580 20
600 200 ≥800 900 600 600~900

3-3 1:30

成品橱柜门
玻璃搁板
防溅插座
开关
防溅插座
嵌入式洗涤池
油烟机
嵌入式燃气灶

$\frac{5-6}{80}$

600 150 80/220/200 80 500 720 80 2400
80 200 150 *L* 80 150
≥400 *b* *L* 900 ≥300 *a* ≥100 600

$\frac{5}{78}$ $\frac{3-4}{79}$ $\frac{3-4}{80}$

设 计 说 明

1. "a, b" 等设施尺寸依住户选定厨具成品要求规定，可二次加工，"L" 为不定尺寸住户可根据自己的实际情况设定。

2. 住户燃气炉具根据燃气类型选购指定产品，规格与要求根据产品确定，使用液化气时，应保留液化气罐存放空间，使用沼气应在灶具下安设过滤装置。

30　　B2型厨房改造大样图(四)

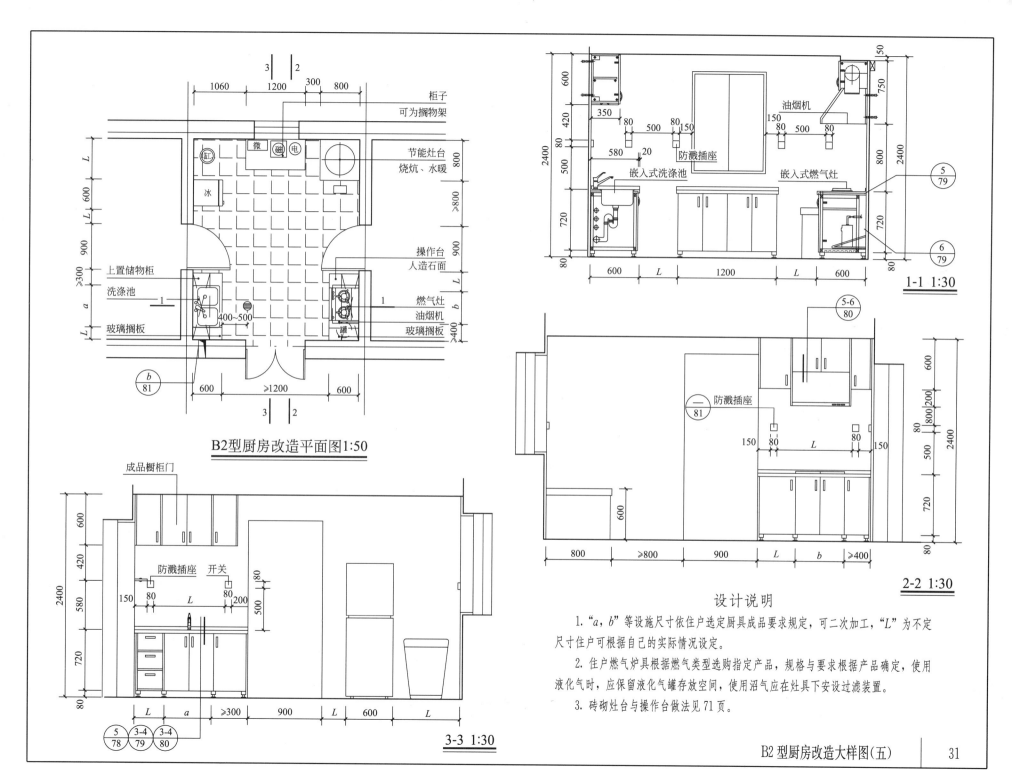

B2型厨房改造平面图1:50

柜子
可为搁物架
节能灶台
烧炕、水暖
操作台
人造石面
燃气灶
油烟机
玻璃搁板

上置储物柜
洗涤池
玻璃搁板

油烟机
防溅插座
嵌入式洗涤池
嵌入式燃气灶

1-1 1:30

成品橱柜门
防溅插座
开关

防溅插座

3-3 1:30

2-2 1:30

设计说明

1. "a，b"等设施尺寸依住户选定厨具成品要求规定，可二次加工，"L"为不定尺寸住户可根据自己的实际情况设定。

2. 住户燃气炉具根据燃气类型选购指定产品，规格与要求根据产品确定，使用液化气时，应保留液化气罐存放空间，使用沼气应在灶具下安设过滤装置。

3. 砖砌灶台与操作台做法见71页。

B2型厨房改造大样图(五)

31

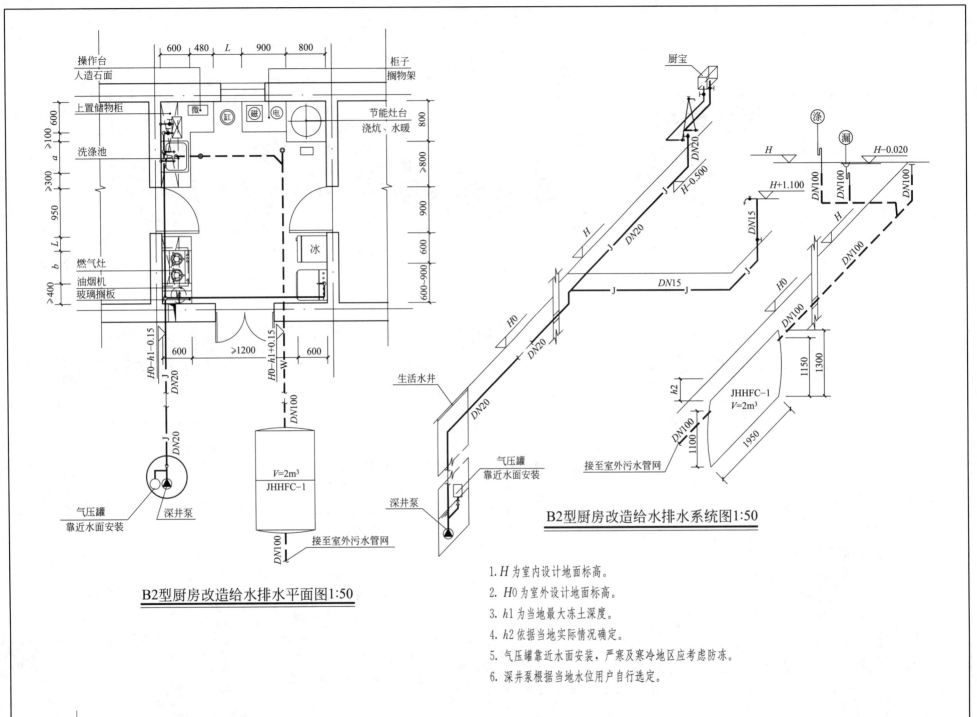

操作台
人造石面
上置储物柜
洗涤池
燃气灶
油烟机
玻璃搁板
柜子
搁物架
节能灶台
浇炕、水暖
微
缸
磁
电
冰

$H0-h1-0.15$
J
DN20
$H0-h1+0.15$
W
DN100

气压罐
靠近水面安装
深井泵
$V=2m^3$
JHHFC-1
DN100
接至室外污水管网

B2型厨房改造给水排水平面图1:50

厨宝
DN20
J $H-0.500$
$H+1.100$
DN15
H
$H0$
DN20
J
H
DN15
J DN15 J
$H0$
DN20

生活水井
气压罐
靠近水面安装
深井泵
DN20

漂
漏
$H-0.020$
DN100
H
DN100
$H0$
DN100
DN100
1300
1150
h2
JHHFC-1
$V=2m^3$
DN100
1100
1950
接至室外污水管网

B2型厨房改造给水排水系统图1:50

1. H为室内设计地面标高。
2. H0为室外设计地面标高。
3. h1为当地最大冻土深度。
4. h2依据当地实际情况确定。
5. 气压罐靠近水面安装,严寒及寒冷地区应考虑防冻。
6. 深井泵根据当地水位用户自行选定。

B2型厨房改造给水排水示例

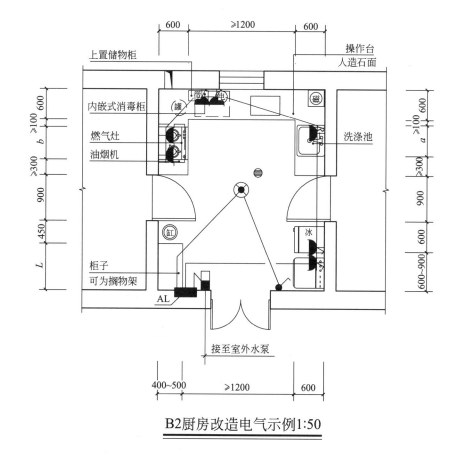

B2厨房改造电气示例1:50

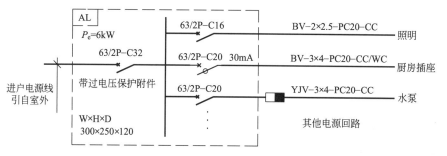

配电箱系统图

图例:

━ 照明配电箱暗装,底边距地1.6m。

⌄ 单、双联跷板开关 250V/10A暗装,底边距地1.3m。

📥 单相二、三孔插座 250V/10A防溅型,带开关,暗装,底边距地1.3m。

📤 单相二、三孔插座 250V/10A暗装,底边距地2.0m。

📥 单相二、三孔插座 250V/10A防溅型,暗装,底边距地0.3m。

⊗ 防水防尘灯 30W节能型 吸顶安装。

▫ 断路器盒内置63/2P-C20断路器暗装,底边距地1.6m。

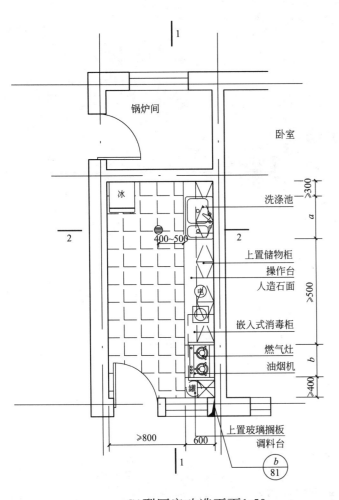

锅炉间

卧室

冰

>300

洗涤池

a

400~500

上置储物柜

操作台

人造石面

>500

嵌入式消毒柜

燃气灶

b

油烟机

罐

>400

上置玻璃搁板
调料台

>800   600

b
81

C1型厨房改造平面1:50

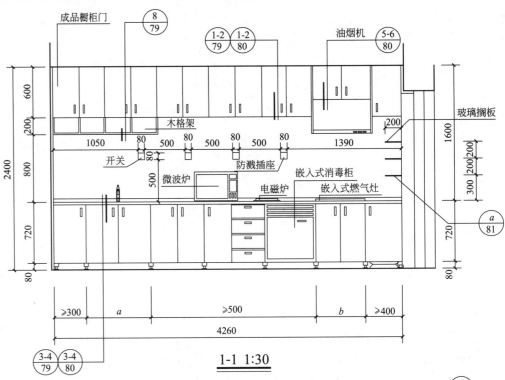

成品橱柜门

8
79

1-2
79   1-2
80

油烟机   5-6
80

木格架   玻璃搁板

600   200

2400   800   开关   1050   80   500   80   500   80   500   80   1390   200   1600

微波炉   防溅插座   嵌入式消毒柜   300 200 200

500   电磁炉   嵌入式燃气灶

720   720

80   a
81

>300   a   >500   b   >400

4260

3-4
79   3-4
80

1-1 1:30

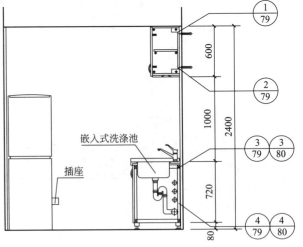

1
79

600

2
79

嵌入式洗涤池   1000   2400

3   3
79   80

插座

720

4   4
79   80

80

2-2 1:30

设计说明

1. 此户根据农村实例住宅提出。原建筑外墙为砖墙，当改造对象为砖墙承重时，承重墙改造应进行相关的结构验核，新增洞口上应设过梁等措施。

2. 在住宅内增设锅炉间。

3. "a，b"等设施尺寸依住户选定厨具成品要求规定，可二次加工，"L"为不定尺寸住户可根据自己的实际情况设定。

4. 住户燃气炉具根据燃气类型选购指定产品，规格与要求根据产品确定，使用液化气时，应保留液化气罐存放空间，使用沼气应在灶具下安设过滤装置。

5. 砖砌灶台与操作台做法见71页。

C1型厨房改造大样图(一)

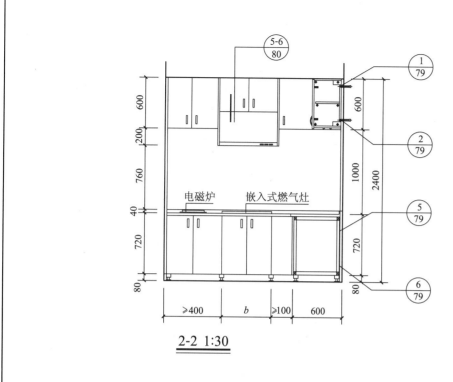

2-2 1:30

电磁炉　嵌入式燃气灶

600
200
760
40
720
80

600
1000
2400
720
80

5-6/80
1/79
2/79
5/79
6/79

≥400　b　≥100　600

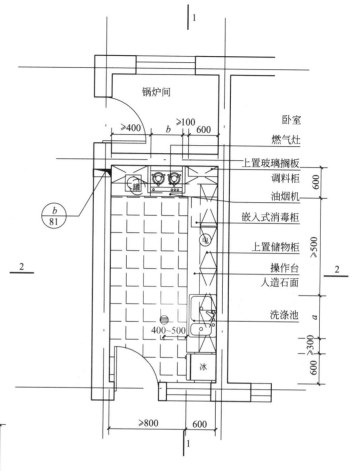

锅炉间

卧室
燃气灶
上置玻璃搁板
调料柜
油烟机
嵌入式消毒柜
上置储物柜
操作台
人造石面
洗涤池
冰

≥400　b　≥100　600
600
≥500
a
≥300
600
400～500

b/81

≥800　600

C1型厨房改造平面1:50

设计说明

1. 此户根据农村实例住宅提出。原建筑外墙为砖墙，当改造对象为砖墙承重时，承重墙改造应进行相关的结构验核，新增洞口上应设过梁等措施。

2. 在住宅内增设锅炉间。

3. "a, b" 等设施尺寸依住户选定厨具成品要求规定，可二次加工，"L" 为不定尺寸住户可根据自己的实际情况设定。

4. 住户燃气炉具根据燃气类型选购指定产品，规格与要求根据产品确定，使用液化气时，应保留液化气罐存放空间，使用沼气应在灶具下安设过滤装置。

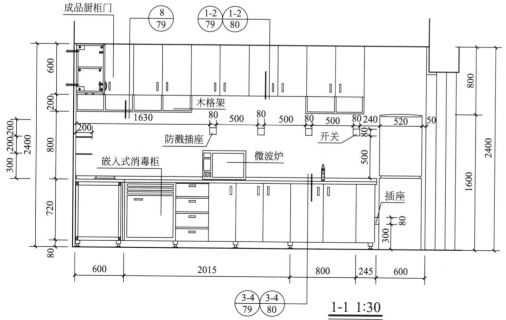

成品厨柜门

木格架
防溅插座　开关
嵌入式消毒柜　微波炉
插座

600
200
200
720
80

300 200 200 2400

800
800
500

1630
200
80 500 80 500 80 500 80 240 520 50

800
1600
2400

600　2015　800　245　600

8/79
1-2/79　1-2/80
3-4/79　3-4/80

1-1 1:30

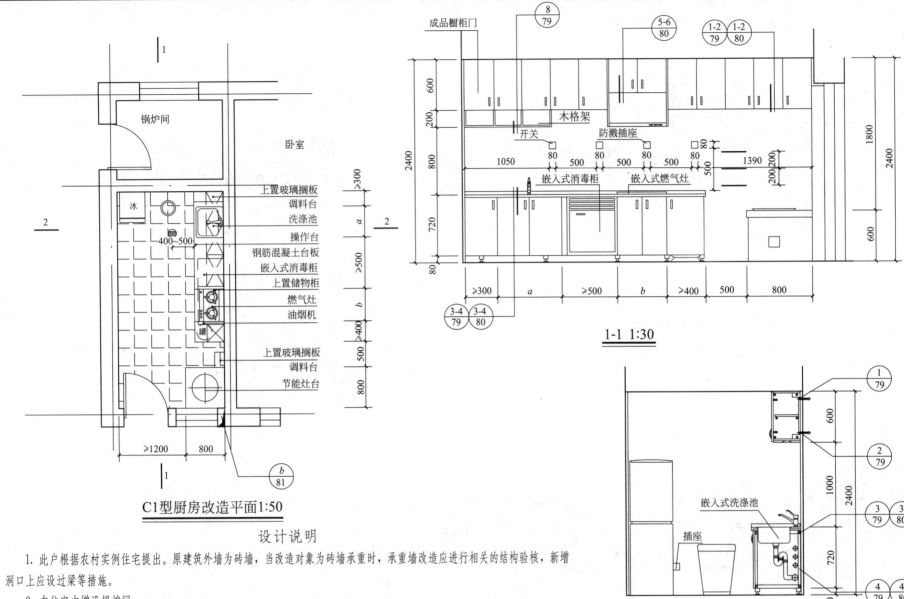

锅炉间

卧室

冰

上置玻璃搁板
调料台
洗涤池
操作台
钢筋混凝土台板
嵌入式消毒柜
上置储物柜
燃气灶
油烟机

上置玻璃搁板
调料台
节能灶台

400~500

≥1200   800

C1型厨房改造平面1:50

设 计 说 明

1. 此户根据农村实例住宅提出。原建筑外墙为砖墙,当改造对象为砖墙承重时,承重墙改造应进行相关的结构验核,新增洞口上应设过梁等措施。

2. 在住宅内增设锅炉间。

3. "*a*,*b*"等设施尺寸依住户选定厨具成品要求规定,可二次加工,"*L*"为不定尺寸住户可根据自己的实际情况设定。

4. 住户燃气炉具根据燃气类型选购指定产品,规格与要求根据产品确定,使用液化气时,应保留液化气罐存放空间,使用沼气应在灶具下安设过滤装置。

5. 砖砌灶台与操作台做法见71页。

成品橱柜门

木格架
开关   防溅插座

1050   80 500 80 500 80 500 80 500

嵌入式消毒柜   嵌入式燃气灶

1390

≥300   a   ≥500   b   ≥400   500   800

1-1 1:30

嵌入式洗涤池

插座

2-2 1:30

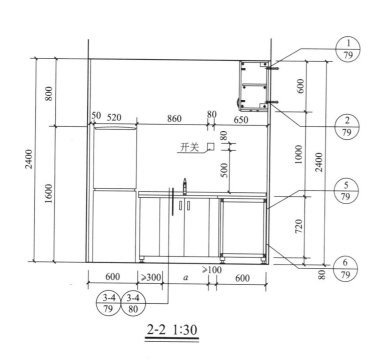

2-2 1:30

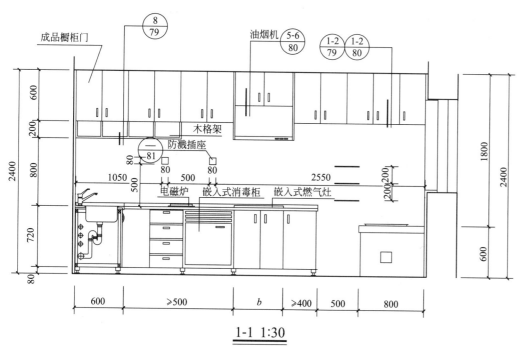

成品橱柜门

油烟机 5-6/80

木格架

防溅插座 81

电磁炉　嵌入式消毒柜　嵌入式燃气灶

1-1 1:30

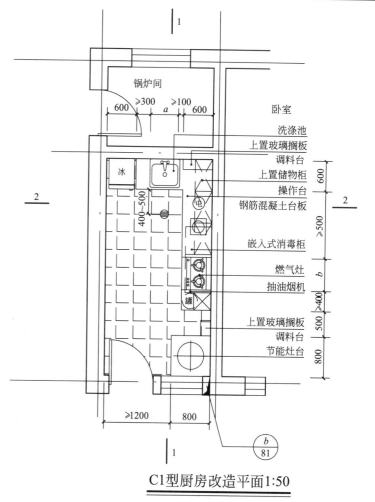

锅炉间

卧室
洗涤池
上置玻璃搁板
调料台
上置储物柜
操作台
钢筋混凝土台板
嵌入式消毒柜
燃气灶
抽油烟机
上置玻璃搁板
调料台
节能灶台

冰
电
罐

C1型厨房改造平面1:50

设计说明

1. 此户根据农村实例住宅提出。原建筑外墙为砖墙，当改造对象为砖墙承重时，承重墙改造应进行相关的结构验核，新增洞口上应设过梁等措施。

2. 在住宅内增设锅炉间。

3. "a，b"等设施尺寸依住户选定厨具成品要求规定，可二次加工，"L"为不定尺寸住户可根据自己的实际情况设定。

4. 住户燃气炉具根据燃气类型选购指定产品，规格与要求根据产品确定，使用液化气时，应保留液化气罐存放空间，使用沼气应在灶具下安设过滤装置。

C1型厨房改造大样图(四)　37

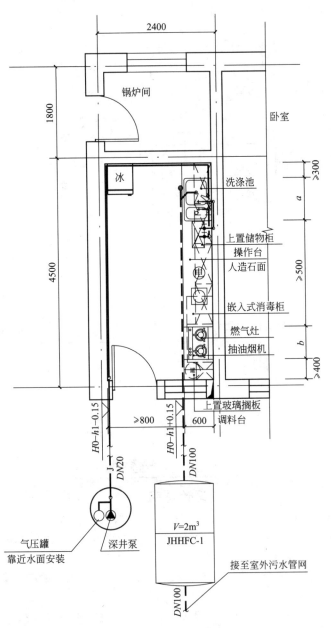

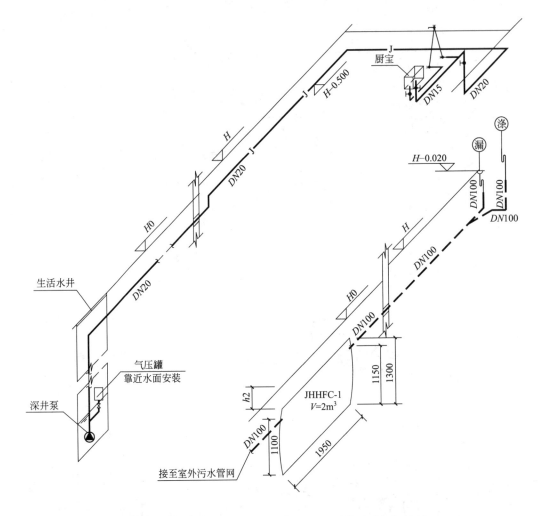

C1型厨房改造给水排水平面图(不保留灶台单排) 1:50

C1型厨房改造给水排水系统图(不保留灶台单排) 1:50

1. H为室内设计地面标高。

2. H0为室外设计地面标高。

3. h1为当地最大冻土深度。

4. h2依据当地实际情况确定。

5. 气压罐靠近水面安装，严寒及寒冷地区应考虑防冻。

6. 深井泵根据当地水位用户自行选定。

C1型厨房改造给水排水示例

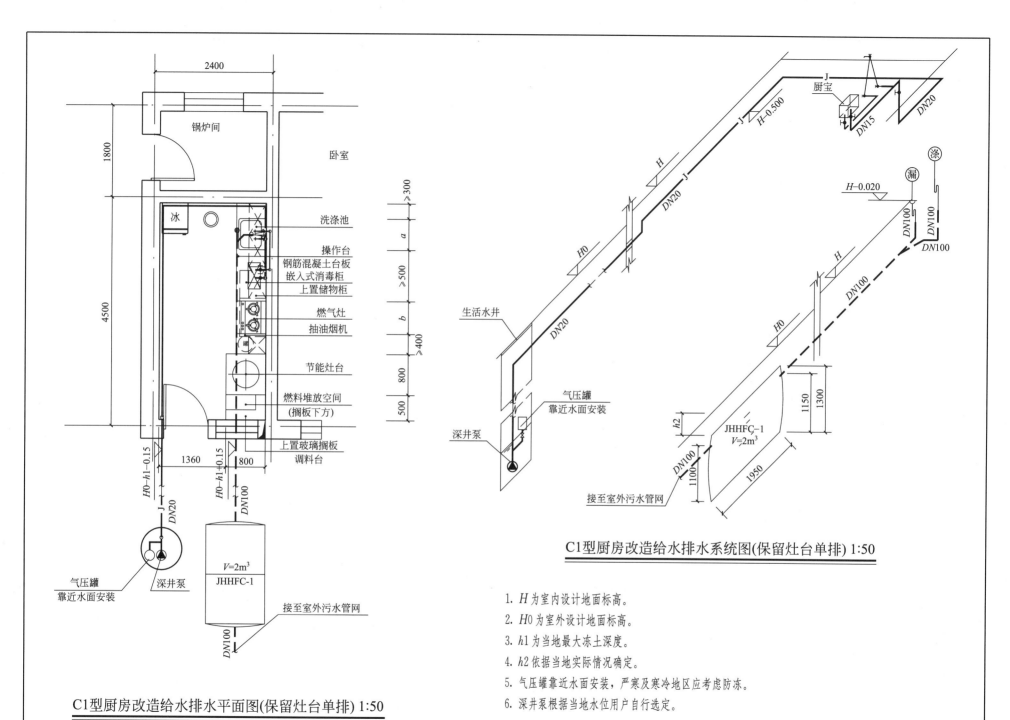

C1型厨房改造给水排水平面图(保留灶台单排) 1:50

C1型厨房改造给水排水系统图(保留灶台单排) 1:50

1. H 为室内设计地面标高。

2. $H0$ 为室外设计地面标高。

3. $h1$ 为当地最大冻土深度。

4. $h2$ 依据当地实际情况确定。

5. 气压罐靠近水面安装，严寒及寒冷地区应考虑防冻。

6. 深井泵根据当地水位用户自行选定。

C1型厨房改造给水排水示例

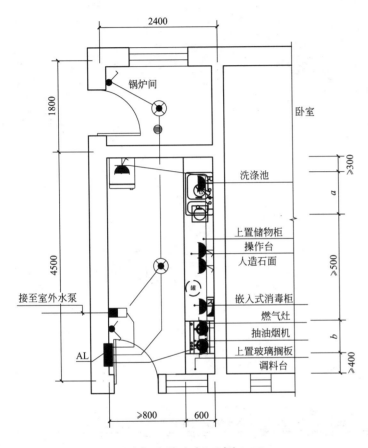

C1厨房改造电气示例 1:50

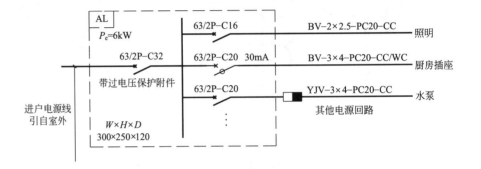

配电箱系统图

图例:

▬ 照明配电箱暗装,底边距地 1.6m。

↗ 单、双联跷板开关 250V/10A 暗装,底边距地 1.3m。

📺 单相二、三孔插座 250V/10A 防溅型,带开关,暗装,底边距地 1.3m。

📺 单相二、三孔插座 250V/10A 暗装,底边距地 2.0m。

📺 单相二、三孔插座 250V/10A 防溅型,暗装,底边距地 0.3m。

⊗ 防水防尘灯 30W 节能型吸顶安装。

▫ 断路器盒内置 63/2P-C20 断路器暗装,底边距地 1.6m。

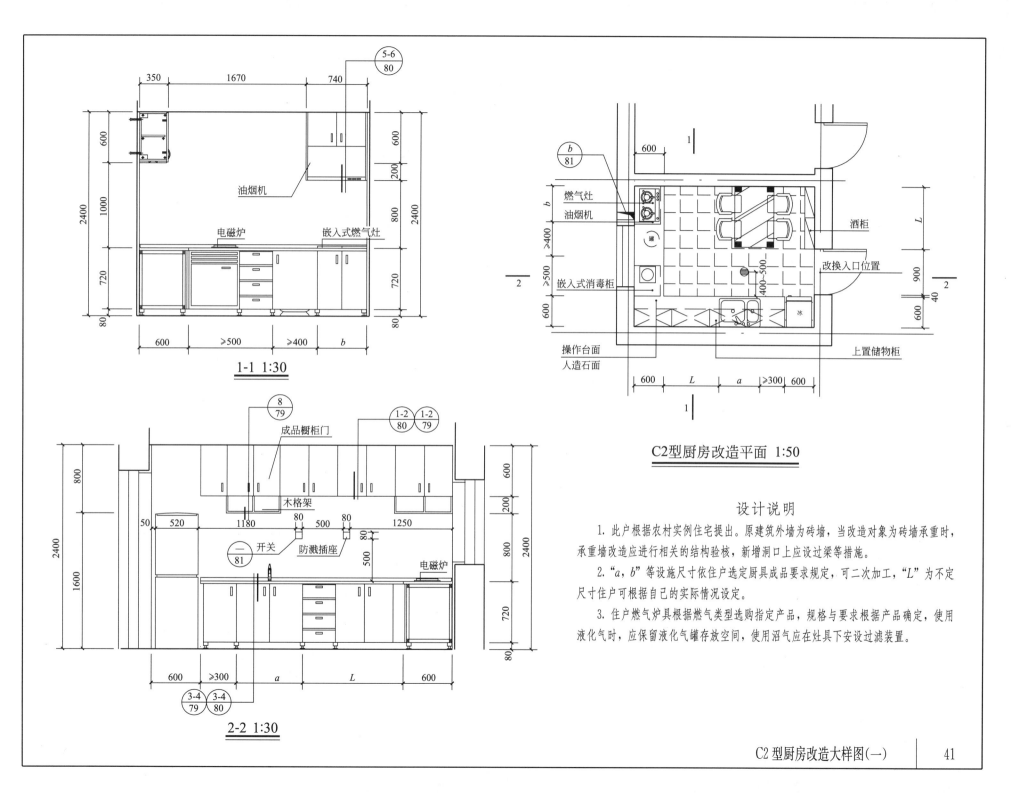

油烟机

电磁炉   嵌入式燃气灶

1-1 1:30

成品橱柜门

木格架

开关   防溅插座

电磁炉

2-2 1:30

燃气灶
油烟机

嵌入式消毒柜

操作台面
人造石面

酒柜

改换入口位置

上置储物柜

C2型厨房改造平面 1:50

设计说明

1. 此户根据农村实例住宅提出。原建筑外墙为砖墙，当改造对象为砖墙承重时，承重墙改造应进行相关的结构验核，新增洞口上应设过梁等措施。

2. "a, b"等设施尺寸依住户选定厨具成品要求规定，可二次加工，"L"为不定尺寸住户可根据自己的实际情况设定。

3. 住户燃气炉具根据燃气类型选购指定产品，规格与要求根据产品确定，使用液化气时，应保留液化气罐存放空间，使用沼气应在灶具下安设过滤装置。

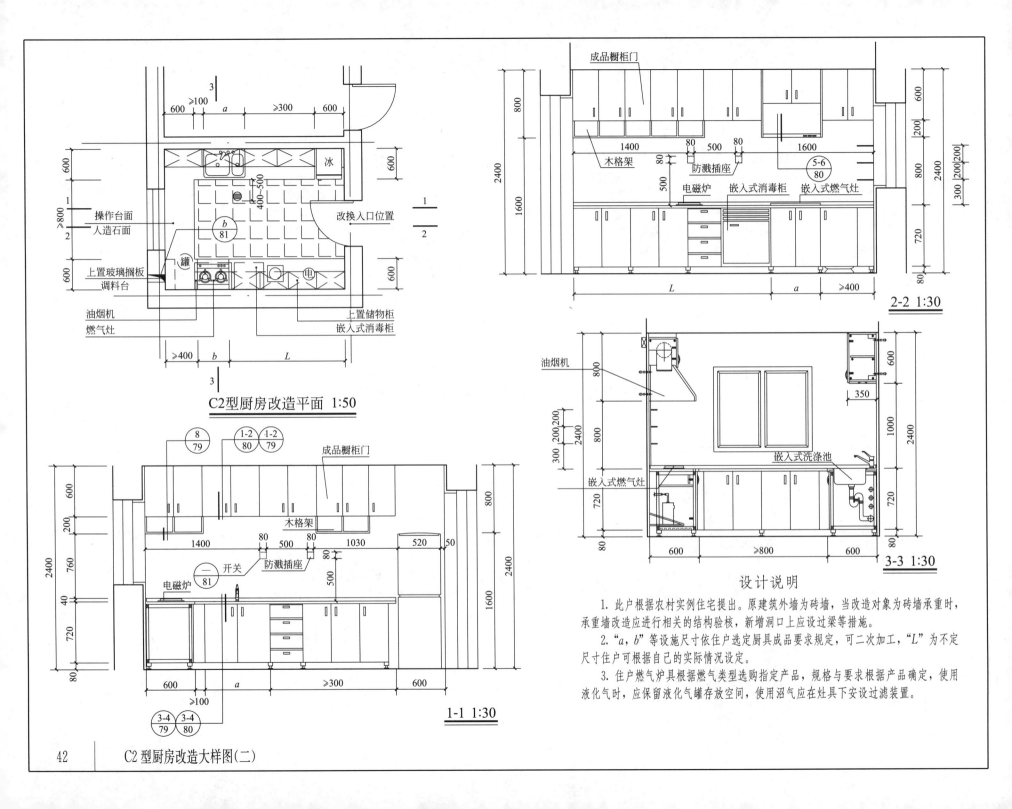

C2型厨房改造平面 1:50

2-2 1:30

3-3 1:30

1-1 1:30

操作台面
人造石面

上置玻璃搁板
调料台

油烟机
燃气灶

改换入口位置

上置储物柜
嵌入式消毒柜

成品橱柜门

木格架

防溅插座

电磁炉　嵌入式消毒柜　嵌入式燃气灶

成品橱柜门

木格架

电磁炉

开关

防溅插座

油烟机

嵌入式洗涤池

嵌入式燃气灶

设计说明

1. 此户根据农村实例住宅提出。原建筑外墙为砖墙，当改造对象为砖墙承重时，承重墙改造应进行相关的结构验核，新增洞口上应设过梁等措施。

2. "a, b"等设施尺寸依住户选定厨具成品要求规定，可二次加工，"L"为不定尺寸住户可根据自己的实际情况设定。

3. 住户燃气炉具根据燃气类型选购指定产品，规格与要求根据产品确定，使用液化气时，应保留液化气罐存放空间，使用沼气应在灶具下安设过滤装置。

　C2型厨房改造大样图(二)

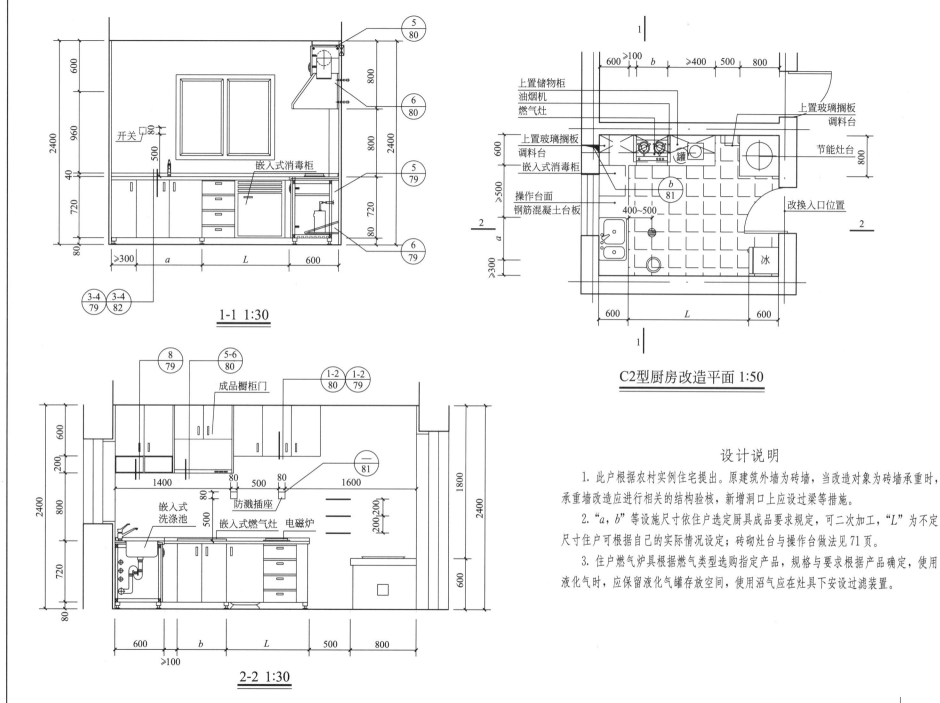

1-1 1:30

2-2 1:30

C2型厨房改造平面 1:50

设计说明

1. 此户根据农村实例住宅提出。原建筑外墙为砖墙，当改造对象为砖墙承重时，承重墙改造应进行相关的结构验核，新增洞口上应设过梁等措施。

2. "a, b"等设施尺寸依住户选定厨具成品要求规定，可二次加工，"L"为不定尺寸住户可根据自己的实际情况设定；砖砌灶台与操作台做法见71页。

3. 住户燃气炉具根据燃气类型选购指定产品，规格与要求根据产品确定，使用液化气时，应保留液化气罐存放空间，使用沼气应在灶具下安设过滤装置。

C2型厨房改造大样图(三)　43

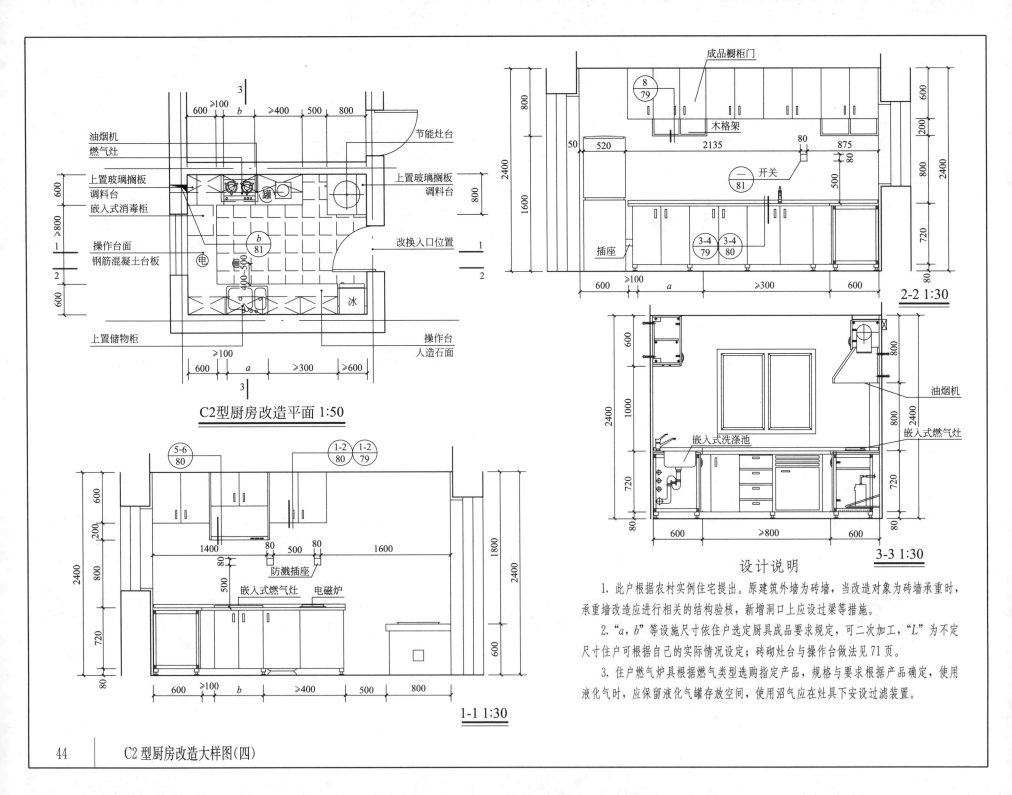

油烟机
燃气灶

上置玻璃搁板
调料台
嵌入式消毒柜

操作台面
钢筋混凝土台板

上置储物柜

节能灶台

上置玻璃搁板
调料台

改换入口位置

操作台
人造石面

600 ≥100 b ≥400 500 800

600

800

≥800

600

b
81

电

400~500

冰

≥100 a ≥300 ≥600

600

C2型厨房改造平面 1:50

成品橱柜门

8
79

木格架

开关

一
81

插座

3-4
79

3-4
80

600 ≥100 a ≥300 600

800

2400

1600

50 520 2135 80 875

500

800

720

80

600

200

800

2400

80

2-2 1:30

600

油烟机

嵌入式洗涤池

嵌入式燃气灶

600 1000

2400

720

80

800

800

2400

600 ≥800 600 80

3-3 1:30

5-6
80

1-2
80

1-2
79

防溅插座

嵌入式燃气灶

电磁炉

1400 80 500 80 1600

500

600

200

720

2400

80

600 ≥100 b ≥400 500 800

1800

600

2400

1-1 1:30

设计说明

1. 此户根据农村实例住宅提出。原建筑外墙为砖墙，当改造对象为砖墙承重时，承重墙改造应进行相关的结构验核，新增洞口上应设过梁等措施。

2. "a, b" 等设施尺寸依住户选定厨具成品要求规定，可二次加工，"L" 为不定尺寸住户可根据自己的实际情况设定；砖砌灶台与操作台做法见71页。

3. 住户燃气炉具根据燃气类型选购指定产品，规格与要求根据产品确定，使用液化气时，应保留液化气罐存放空间，使用沼气应在灶具下安设过滤装置。

C2型厨房改造大样图(四)

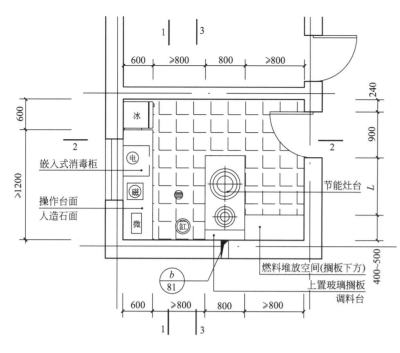

嵌入式消毒柜

操作台面
人造石面

节能灶台

燃料堆放空间(搁板下方)

上置玻璃搁板
调料台

C2型厨房改造平面 1:50

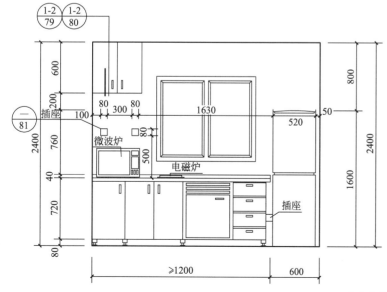

插座

微波炉

电磁炉

插座

1-1 1:30

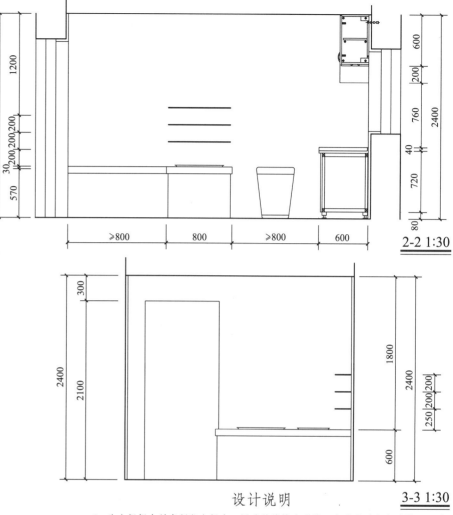

2-2 1:30

3-3 1:30

设计说明

1. 此户根据农村实例住宅提出。原建筑外墙为砖墙,当改造对象为砖墙承重时,承重墙改造应进行相关的结构验核,新增洞口上应设过梁等措施。

2. "a, b" 等设施尺寸依住户选定厨具成品要求规定,可二次加工,"L" 为不定尺寸住户可根据自己的实际情况设定;砖砌灶台与操作台做法见71页。

3. 住户燃气炉具根据燃气类型选购指定产品,规格与要求根据产品确定,使用液化气时,应保留液化气罐存放空间,使用沼气应在灶具下安设过滤装置。

C2型厨房改造大样图(五)

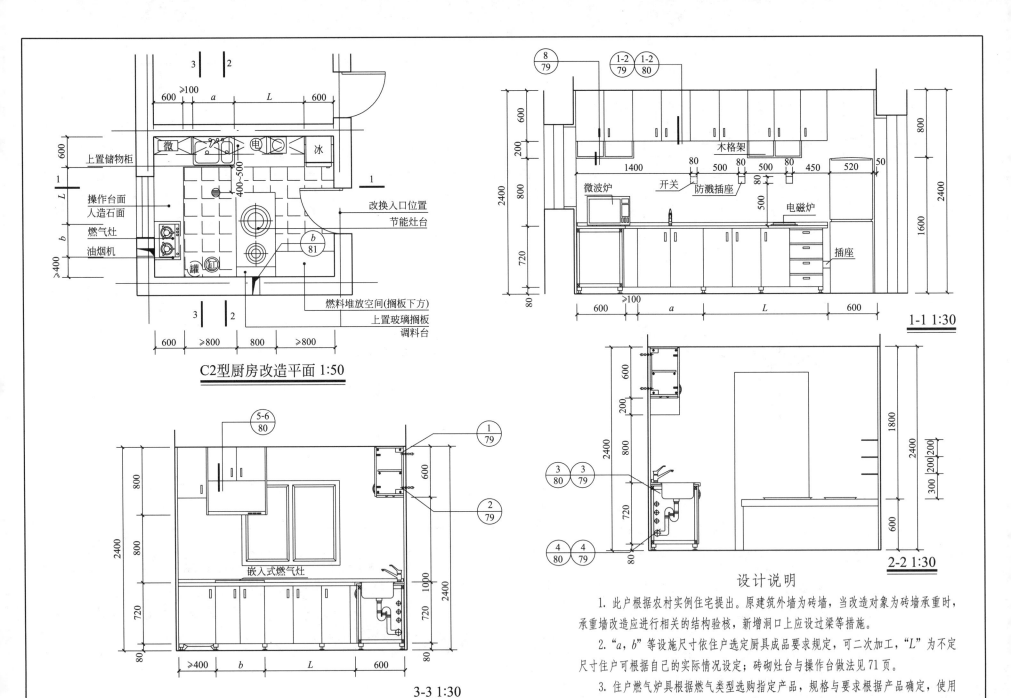

C2型厨房改造平面 1:50

上置储物柜
操作台面
人造石面
燃气灶
油烟机

改换入口位置
节能灶台

燃料堆放空间(搁板下方)
上置玻璃搁板
调料台

微波炉
开关
防溅插座
电磁炉
插座
木格架

1-1 1:30

嵌入式燃气灶

3-3 1:30

2-2 1:30

设计说明

1. 此户根据农村实例住宅提出。原建筑外墙为砖墙，当改造对象为砖墙承重时，承重墙改造应进行相关的结构验核，新增洞口上应设过梁等措施。

2. "a，b"等设施尺寸依住户选定厨具成品要求规定，可二次加工，"L"为不定尺寸住户可根据自己的实际情况设定；砖砌灶台与操作台做法见71页。

3. 住户燃气炉具根据燃气类型选购指定产品，规格与要求根据产品确定，使用液化气时，应保留液化气罐存放空间，使用沼气应在灶具下安设过滤装置。

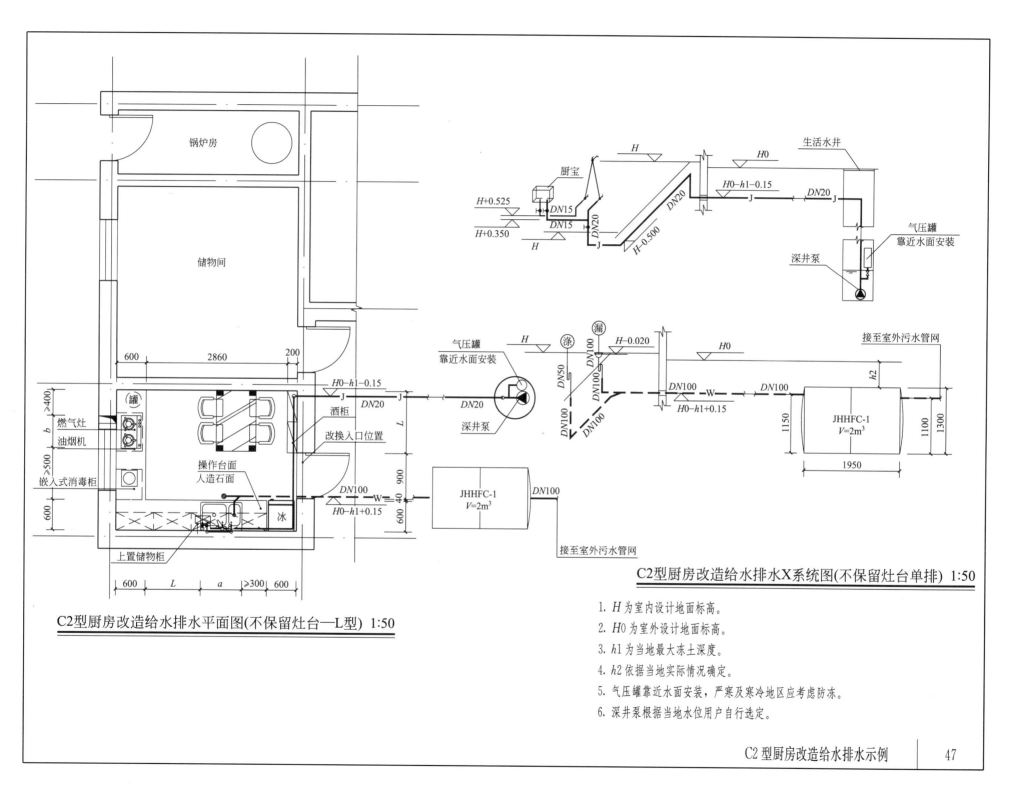

C2型厨房改造给水排水平面图(不保留灶台—L型) 1:50

C2型厨房改造给水排水X系统图(不保留灶台单排) 1:50

1. H 为室内设计地面标高。

2. H0 为室外设计地面标高。

3. h1 为当地最大冻土深度。

4. h2 依据当地实际情况确定。

5. 气压罐靠近水面安装,严寒及寒冷地区应考虑防冻。

6. 深井泵根据当地水位用户自行选定。

C2型厨房改造给水排水示例 | 47

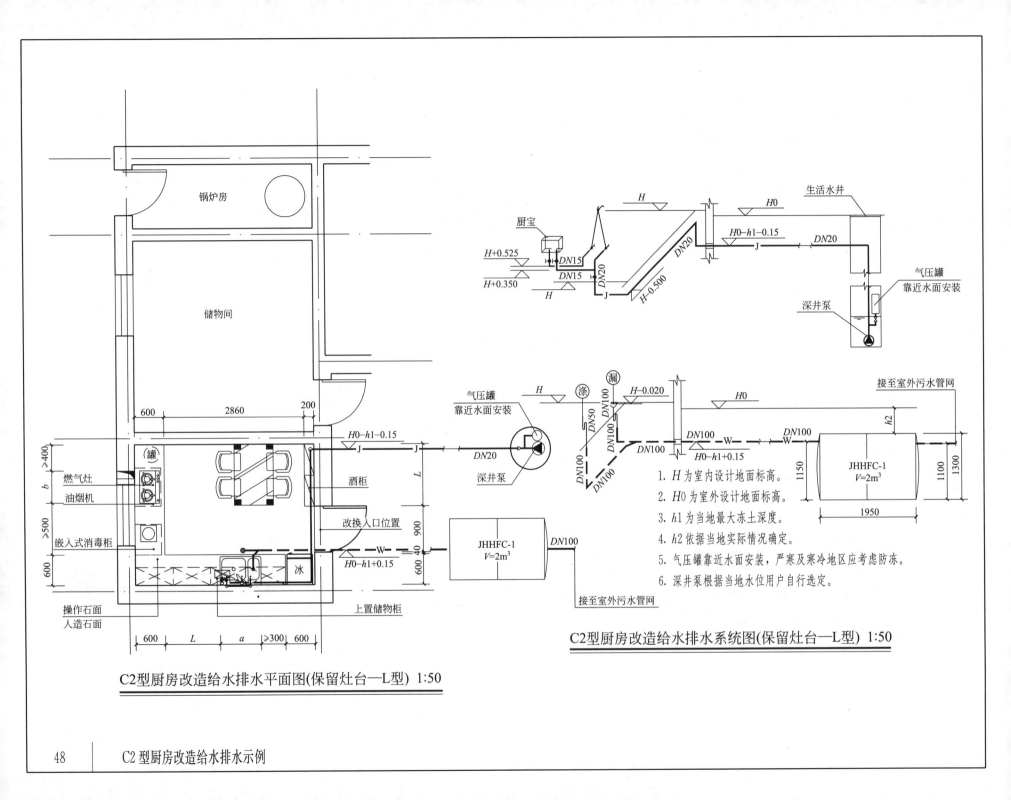

锅炉房

储物间

600　2860　200

>400

b

罐

>500　燃气灶

油烟机

嵌入式消毒柜

600

操作石面
人造石面

600　L　a　>300　600

改换入口位置

酒柜

上置储物柜

冰

L

900

600
40

$H0-h1-0.15$
J　J

$H0-h1+0.15$
W

气压罐
靠近水面安装

深井泵

$DN20$

$DN100$

JHHFC-1
$V=2m^3$

接至室外污水管网

C2型厨房改造给水排水平面图(保留灶台—L型) 1:50

厨宝

$H+0.525$

$H+0.350$

H

$DN15$

$DN15$

$DN20$

J

$H-0.500$

$DN20$

H

$DN20$

$H0$

$H0-h1-0.15$

J

$DN20$

生活水井

气压罐
靠近水面安装

深井泵

漏

涤

$DN50$

$DN100$

$DN100$

$DN100$

$DN100$

H

$H-0.020$

$H0-h1+0.15$

$DN100$
W

$H0$

$DN100$
W

接至室外污水管网

$h2$

1150

JHHFC-1
$V=2m^3$

1100

1300

1950

1. H 为室内设计地面标高。
2. $H0$ 为室外设计地面标高。
3. $h1$ 为当地最大冻土深度。
4. $h2$ 依据当地实际情况确定。
5. 气压罐靠近水面安装，严寒及寒冷地区应考虑防冻。
6. 深井泵根据当地水位用户自行选定。

C2型厨房改造给水排水系统图(保留灶台—L型) 1:50

　　C2型厨房改造给水排水示例

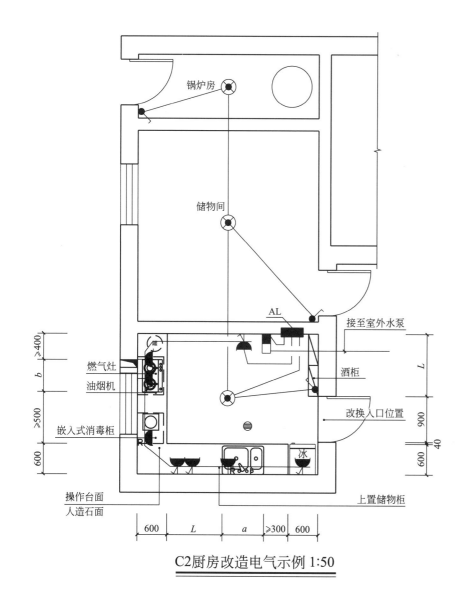

锅炉房

储物间

AL

接至室外水泵

酒柜

改换入口位置

燃气灶
油烟机

嵌入式消毒柜

冰

操作台面
人造石面

上置储物柜

≥400
b
≥500
600

900
600
40

600　L　a　≥300　600

C2厨房改造电气示例 1:50

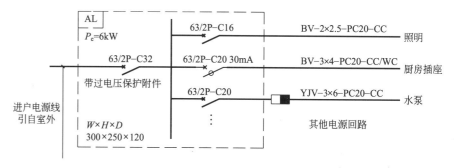

AL
P_e=6kW

63/2P–C16　　BV–2×2.5–PC20–CC　照明

63/2P–C32

63/2P–C20 30mA　　BV–3×4–PC20–CC/WC　厨房插座

带过电压保护附件

63/2P–C20　　YJV–3×6–PC20–CC　水泵

进户电源线
引自室外

$W×H×D$
300×250×120

其他电源回路

配电箱系统图

图例:

— 照明配电箱暗装,底边距地1.6m。

单、双联跷板开关　250V/10A暗装,底边距地1.3m。

单相二、三孔插座250V/10A防溅型,带开关,暗装,底边距地1.3m。

单相二、三孔插座250V/10A暗装,底边距地2.0m。

单相二、三孔插座250V/10A防溅型,暗装,底边距地0.3m。

⊗ 防水防尘灯30W节能型　吸顶安装。

▣ 断路器盒内置63/2P-C20断路器暗装,底边距地1.6m。

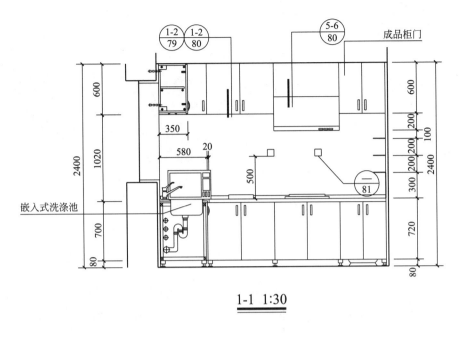

1-1 1:30

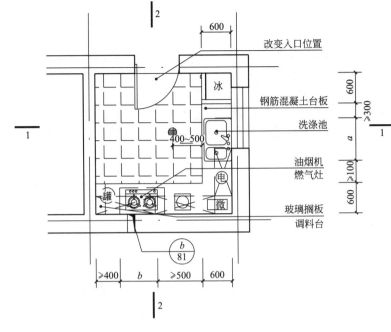

D1型厨房改造平面 1:50

设计说明

1. "a, b" 等设施尺寸依住户选定厨具成品要求规定, 可二次加工, "L" 为不定尺寸住户可根据自己的实际情况设定。

2. 住户燃气炉具根据燃气类型选购指定产品, 规格与要求根据产品确定, 使用液化气时, 应保留液化气罐存放空间, 使用沼气应在灶具下安设过滤装置。

3. 砖砌灶台与操作台做法见71页。

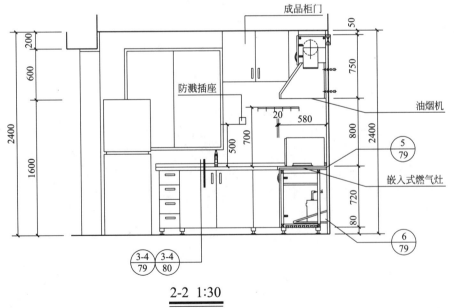

2-2 1:30

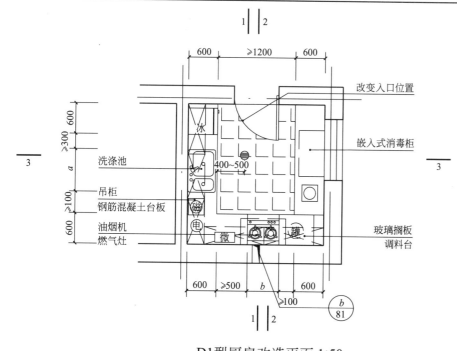

改变入口位置

嵌入式消毒柜

洗涤池

400~500

吊柜
钢筋混凝土台板

油烟机
燃气灶

玻璃搁板
调料台

水

微

罐

电

a

≥300

600

600

≥100

600

600

≥1200

600

600

≥500

b

≥100

600

$\dfrac{b}{81}$

1　2

1　2

3

3

D1型厨房改造平面 1:50

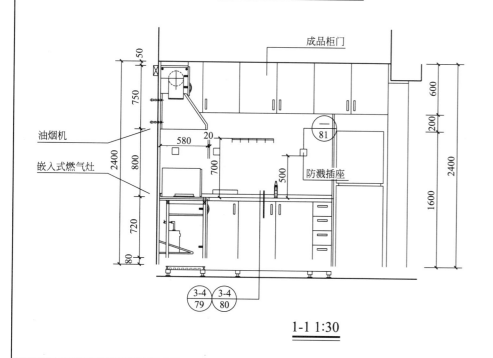

油烟机

嵌入式燃气灶

成品柜门

$\dfrac{-}{81}$

防溅插座

580
20

50
750
800
720
80

700

500

200
600

2400

1600

2400

$\dfrac{3-4}{79}$ $\dfrac{3-4}{80}$

1-1 1:30

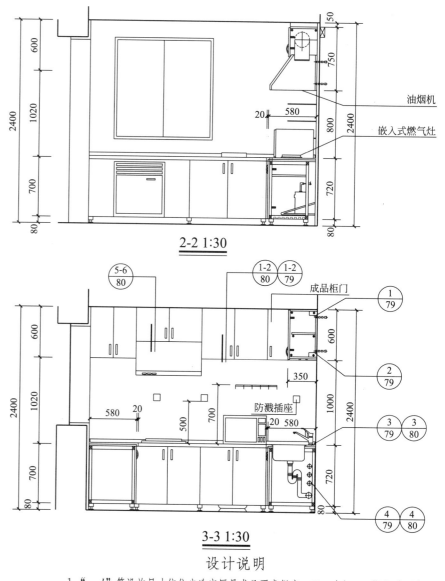

油烟机

嵌入式燃气灶

600
1020
700
80

2400

20
580

800

720

50
750

2-2 1:30

$\dfrac{5-6}{80}$

$\dfrac{1-2}{80}$ $\dfrac{1-2}{79}$

成品柜门

$\dfrac{1}{79}$

$\dfrac{2}{79}$

$\dfrac{3}{79}$ $\dfrac{3}{80}$

$\dfrac{4}{79}$ $\dfrac{4}{80}$

防溅插座

580
20

500

700

350

20 580

600
1020
700
80

2400

600

1000

2400

720

3-3 1:30

设计说明

1. "a, b"等设施尺寸依住户选定厨具成品要求规定，可二次加工，"L"为不定尺寸住户可根据自己的实际情况设定。

2. 住户燃气炉具根据燃气类型选购指定产品，规格与要求根据产品确定，使用液化气时，应保留液化气罐存放空间，使用沼气应在灶具下安设过滤装置。

3. 砖砌灶台与操作台做法见71页。

D1型厨房改造大样图(二)

51

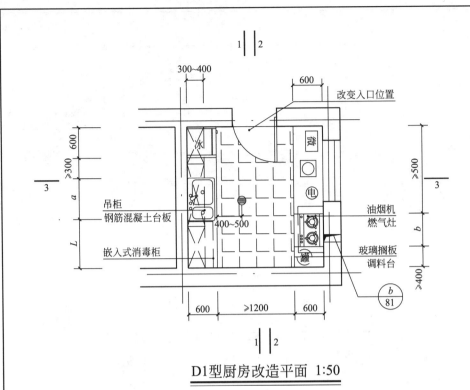

油烟机
燃气灶

吊柜
钢筋混凝土台板
嵌入式消毒柜

改变入口位置

玻璃搁板
调料台

$\dfrac{b}{81}$

D1型厨房改造平面 1:50

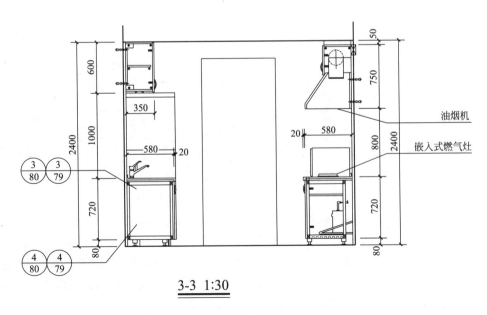

油烟机

嵌入式燃气灶

$\dfrac{3}{80}$ $\dfrac{3}{79}$

$\dfrac{4}{80}$ $\dfrac{4}{79}$

3-3 1:30

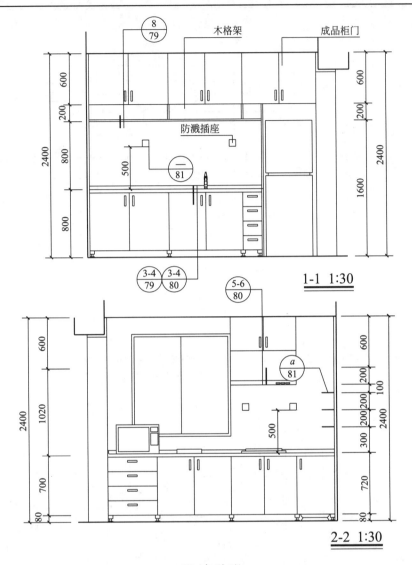

$\dfrac{8}{79}$ 木格架 成品柜门

防溅插座

$\dfrac{一}{81}$

$\dfrac{3-4}{79}$ $\dfrac{3-4}{80}$

1-1 1:30

$\dfrac{5-6}{80}$

$\dfrac{a}{81}$

2-2 1:30

设计说明

1. "a, b" 等设施尺寸依住户选定厨具成品要求规定，可二次加工，"L" 为不定尺寸住户可根据自己的实际情况设定。

2. 住户燃气炉具根据燃气类型选购指定产品，规格与要求根据产品确定，使用液化气时，应保留液化气罐存放空间，使用沼气应在灶具下安设过滤装置。

3. 砖砌灶台与操作台做法见71页。

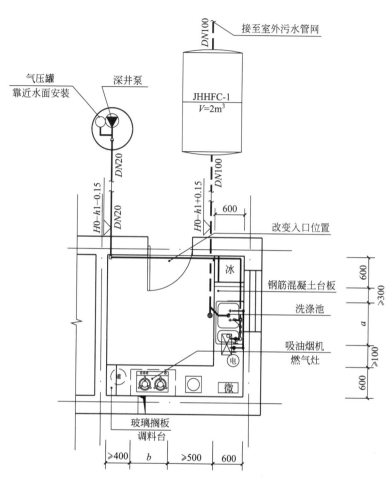

D1型厨房改造给水排水示例平面图 1:50

1. H 为室内设计地面标高。

2. H0 为室外设计地面标高。

3. h1 为当地最大冻土深度。

4. h2 依据当地实际情况确定。

5. 气压罐靠近水面安装，严寒及寒冷地区应考虑防冻。

6. 深井泵根据当地水位用户自行选定。

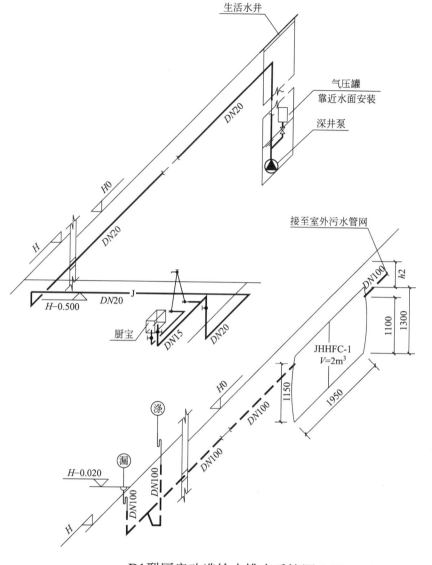

D1型厨房改造给水排水系统图 1:50

D1型厨房改造给水排水示例 |

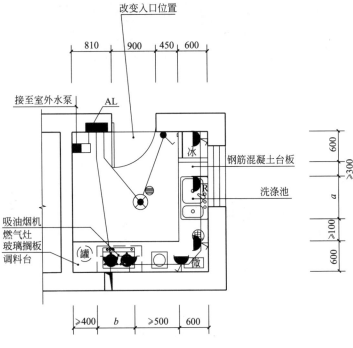

改变入口位置

810 | 900 | 450 | 600

接至室外水泵

AL

钢筋混凝土台板

600

≥300

洗涤池

a

≥100

吸油烟机
燃气灶
玻璃搁板
调料台

罐

微

600

≥400 | b | ≥500 | 600

D1厨房改造电气示例 1:50

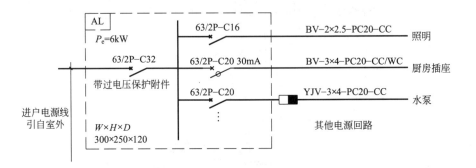

配电箱系统图

图例:

━ 照明配电箱暗装,底边距地 1.6m。

╲ 单、双联跷板开关 250V/10A 暗装,底边距地 1.3m。

☛ 单相二、三孔插座 250V/10A 防溅型,带开关,暗装,底边距地 1.3m。

☛ 单相二、三孔插座 250V/10A 暗装,底边距地 2.0m。

☛ 单相二、三孔插座 250V/10A 防溅型,暗装,底边距地 0.3m。

⊗ 防水防尘灯 30W 节能型 吸顶安装。

▯ 断路器盒内置 63/2P-C20 断路器暗装,底边距地 1.6m。

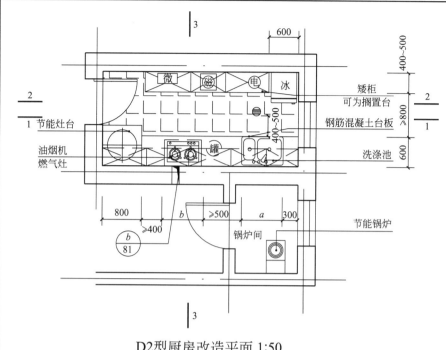

D2型厨房改造平面 1:50

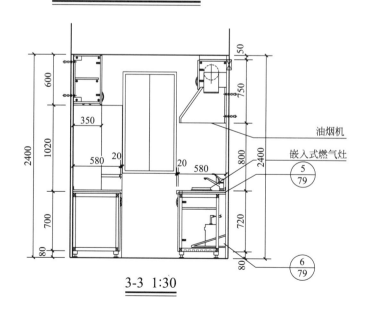

3-3 1:30

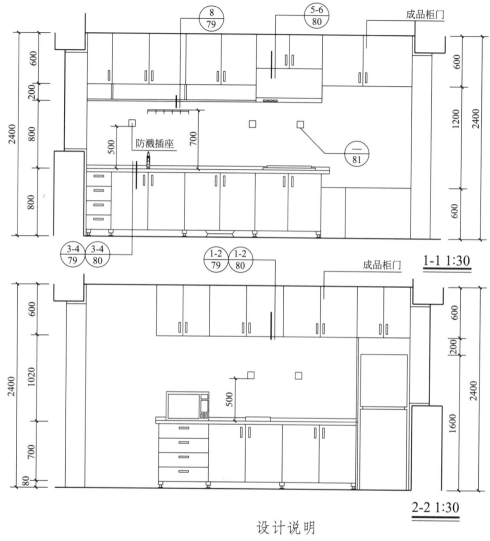

1-1 1:30

2-2 1:30

矮柜
可为搁置台

钢筋混凝土台板

洗涤池

节能锅炉

锅炉间

1 节能灶台

油烟机
燃气灶

油烟机

嵌入式燃气灶

防溅插座

成品柜门

成品柜门

设 计 说 明

1. "a，b" 等设施尺寸依住户选定厨具成品要求规定，可二次加工，"L" 为不定尺寸住户可根据自己的实际情况设定。

2. 住户燃气炉具根据燃气类型选购指定产品，规格与要求根据产品确定，使用液化气时，应保留液化气罐存放空间，使用沼气应在灶具下安设过滤装置。

3. 砖砌灶台与操作台做法见71页。

D2型厨房改造大样图(一)

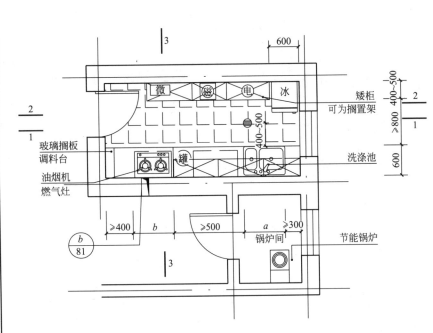

D2型厨房改造平面 1:50

玻璃搁板
调料台
油烟机
燃气灶
微 磁 电 冰
600
矮柜
可为搁置架
400~500
>800
洗涤池
>400   b   >500   a   >300
锅炉间
节能锅炉
b/81
600
400~500

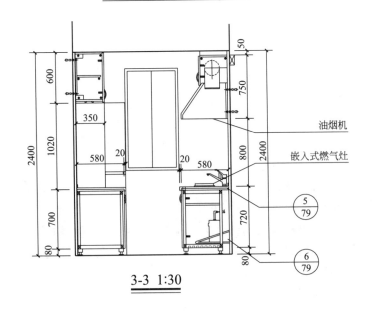

3-3 1:30

600
2400
1020
350
580 20 20 580
50
750
800 2400
720
700
80 80
油烟机
嵌入式燃气灶
5/79
6/79

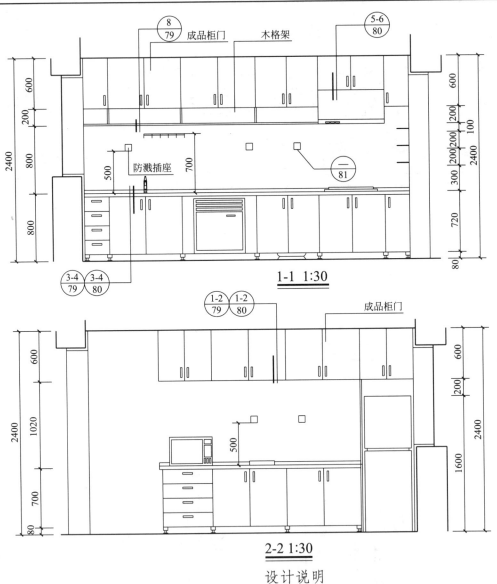

8/79 成品柜门   木格架   5-6/80
600
200
800
2400
500
700
防溅插座
81
720
800
600
200/200/200/100
300
2400
80
3-4/79 3-4/80

1-1 1:30

1-2/79 1-2/80   成品柜门
600
2400
1020
500
700
80
600
200
1600
2400

2-2 1:30

设计说明

1. "a, b"等设施尺寸依住户选定厨具成品要求规定, 可二次加工, "L"为不定尺寸住户可根据自己的实际情况设定。

2. 住户燃气炉具根据燃气类型选购指定产品, 规格与要求根据产品确定, 使用液化气时, 应保留液化气罐存放空间, 使用沼气应在灶具下安设过滤装置。

3. 砖砌灶台与操作台做法见71页。

D2型厨房改造大样图(二)

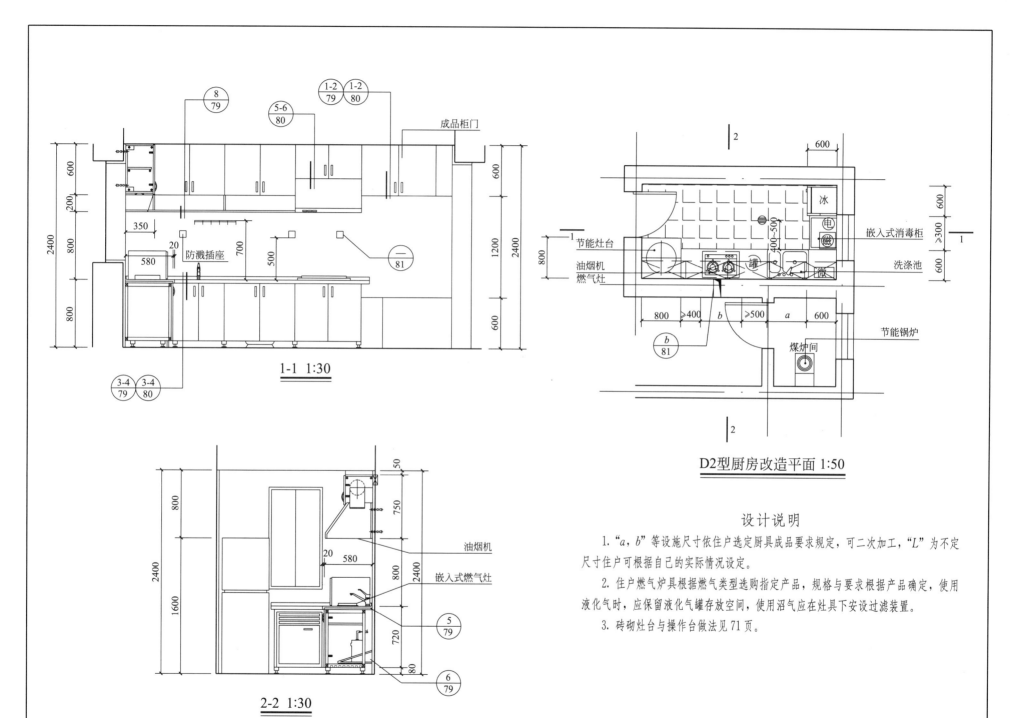

成品柜门

防溅插座

1-1 1:30

2-2 1:30

节能灶台

油烟机
燃气灶

罐

冰

电磁

微

嵌入式消毒柜

洗涤池

节能锅炉

煤炉间

油烟机

嵌入式燃气灶

D2型厨房改造平面 1:50

设计说明

1. "*a*, *b*"等设施尺寸依住户选定厨具成品要求规定, 可二次加工, "*L*"为不定尺寸住户可根据自己的实际情况设定。

2. 住户燃气炉具根据燃气类型选购指定产品, 规格与要求根据产品确定, 使用液化气时, 应保留液化气罐存放空间, 使用沼气应在灶具下安设过滤装置。

3. 砖砌灶台与操作台做法见71页。

D2型厨房改造大样图（三）

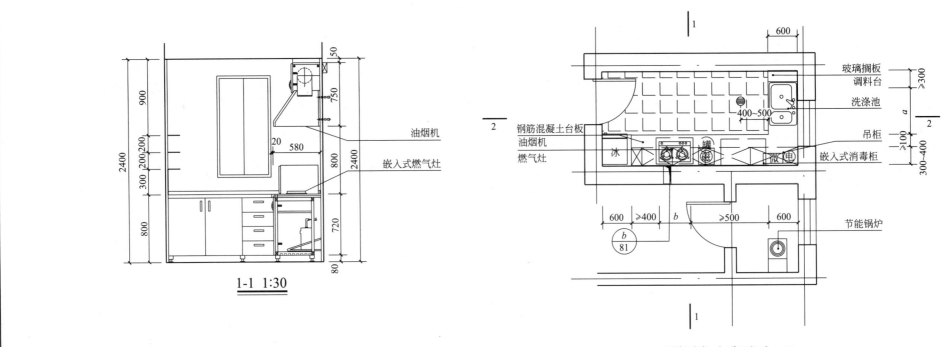

1-1 1:30

玻璃搁板
调料台
洗涤池
吊柜
嵌入式消毒柜
节能锅炉

钢筋混凝土台板
油烟机
燃气灶

400~500
冰
罐
微
电

600
≥400 b ≥500 600
b
81

600
≥300
a
≥100
300~400

D2型厨房改造平面 1:50

油烟机
嵌入式燃气灶

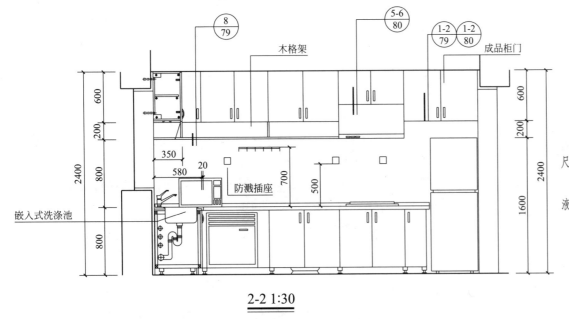

木格架
成品柜门
防溅插座
嵌入式洗涤池

8
79

5-6
80

1-2
79

1-2
80

2-2 1:30

设计说明

1. "a, b" 等设施尺寸依住户选定厨具成品要求规定,可二次加工,"L" 为不定尺寸住户可根据自己的实际情况设定。

2. 住户燃气炉具根据燃气类型选购指定产品,规格与要求根据产品确定,使用液化气时,应保留液化气罐存放空间,使用沼气应在灶具下安设过滤装置。

3. 砖砌灶台与操作台做法见71页。

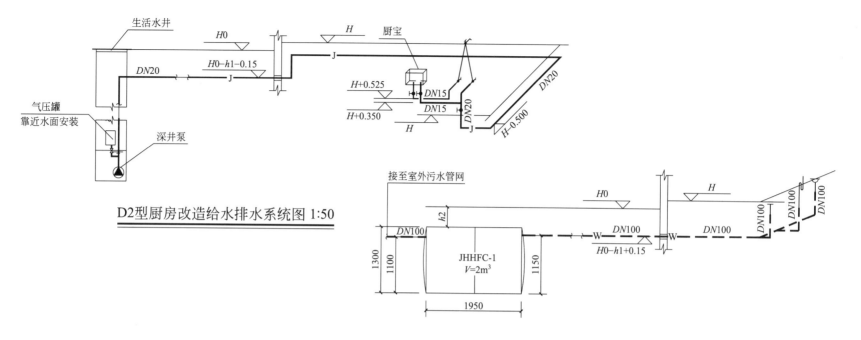

D2型厨房改造给水排水系统图 1:50

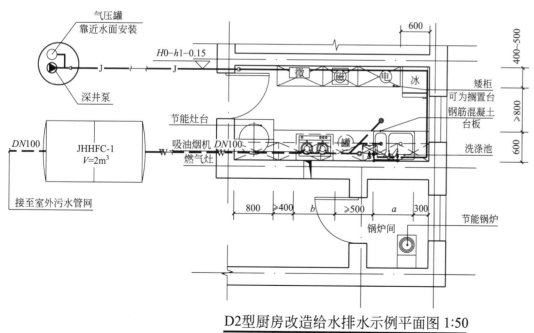

D2型厨房改造给水排水示例平面图 1:50

1. H 为室内设计地面标高。
2. H0 为室外设计地面标高。
3. h1 为当地最大冻土深度。
4. h2 依据当地实际情况确定。
5. 气压罐靠近水面安装，严寒及寒冷地区应考虑防冻。
6. 深井泵根据当地水位用户自行选定。

D2型厨房改造给水排水示例 | 59

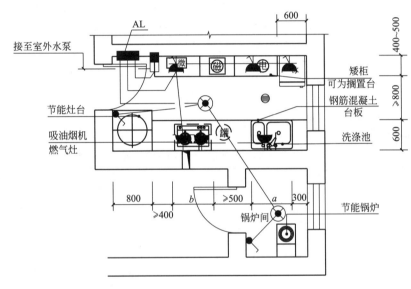

接至室外水泵
AL
600
400~500
矮柜
可为搁置台
≥800
节能灶台
钢筋混凝土
台板
吸油烟机
燃气灶
罐
洗涤池
600
800
b
≥500
a
300
≥400
锅炉间
节能锅炉

D2厨房改造电气示例 1:50

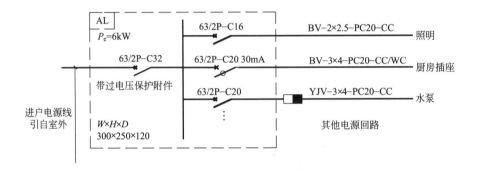

| AL | | 63/2P–C16 | BV–2×2.5–PC20–CC | 照明 |

$P_e=6kW$

63/2P–C32

63/2P–C20 30mA   BV–3×4–PC20–CC/WC   厨房插座

带过电压保护附件

63/2P–C20   YJV–3×4–PC20–CC   水泵

进户电源线
引自室外

$W×H×D$
300×250×120

其他电源回路

配电箱系统图

图例:

▬ 照明配电箱暗装,底边距地 1.6m。

⌒ 单、双联跷板开关 250V/10A 暗装,底边距地 1.3m。

⊤ 单相二、三孔插座 250V/10A 防溅型,带开关,暗装,底边距地 1.3m。

⊤ 单相二、三孔插座 250V/10A 暗装,底边距地 2.0m。

⊤ 单相二、三孔插座 250V/10A 防溅型,暗装,底边距地 0.3m。

⊗ 防水防尘灯 30W 节能型 吸顶安装。

▯ 断路器盒内置 63/2P-C20 断路器暗装,底边距地 1.6m。

二、卫生设施功能提升改造

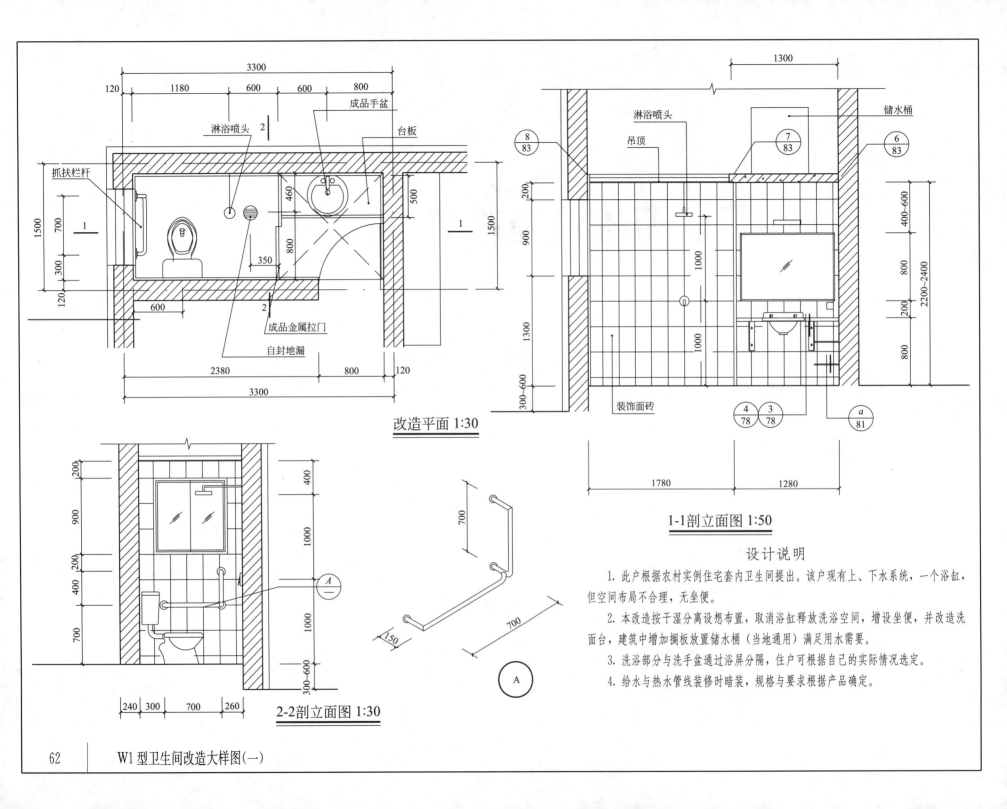

改造平面 1:30

1-1剖立面图 1:50

2-2剖立面图 1:30

设计说明

1. 此户根据农村实例住宅套内卫生间提出。该户现有上、下水系统，一个浴缸，但空间布局不合理，无坐便。

2. 本改造按干湿分离设想布置，取消浴缸释放洗浴空间，增设坐便，并改造洗面台，建筑中增加搁板放置储水桶（当地通用）满足用水需要。

3. 洗浴部分与洗手盆通过浴屏分隔，住户可根据自己的实际情况选定。

4. 给水与热水管线装修时暗装，规格与要求根据产品确定。

W1型卫生间改造大样图（一）

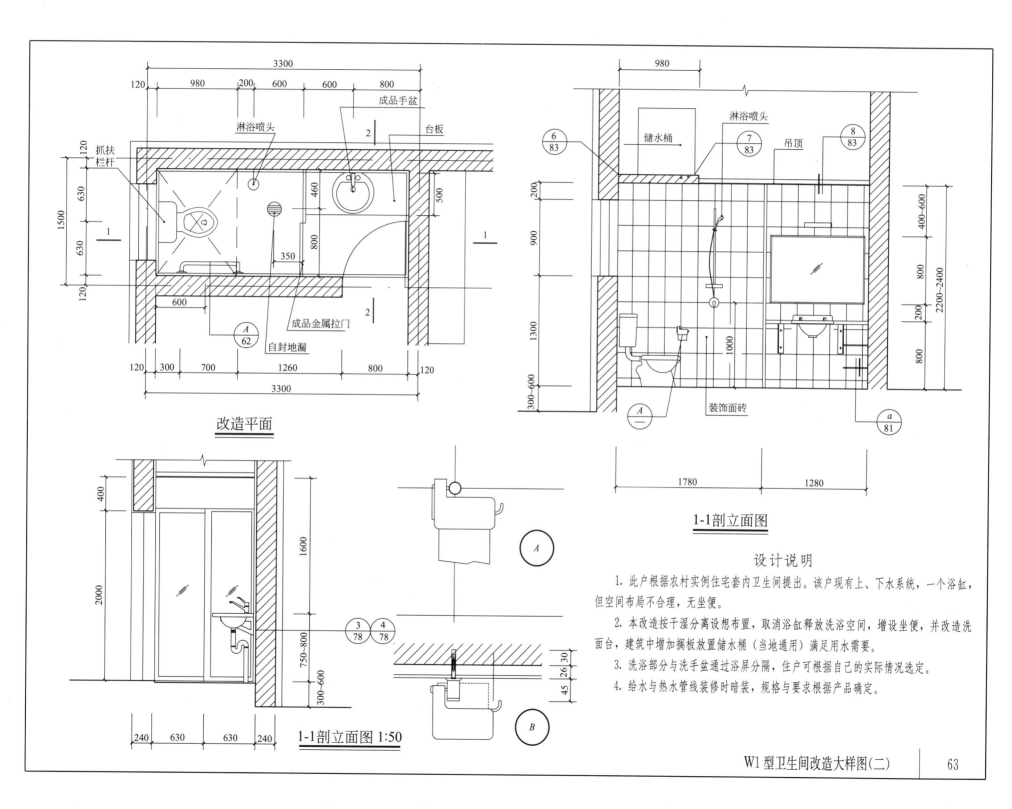

改造平面

淋浴喷头

抓扶栏杆

成品手盆

台板

成品金属拉门

自封地漏

1-1剖立面图 1:50

储水桶

淋浴喷头

吊顶

装饰面砖

1-1剖立面图

设计说明

1. 此户根据农村实例住宅套内卫生间提出。该户现有上、下水系统，一个浴缸，但空间布局不合理，无坐便。

2. 本改造按干湿分离设想布置，取消浴缸释放洗浴空间，增设坐便，并改造洗面台，建筑中增加搁板放置储水桶（当地通用）满足用水需要。

3. 洗浴部分与洗手盆通过浴屏分隔，住户可根据自己的实际情况选定。

4. 给水与热水管线装修时暗装，规格与要求根据产品确定。

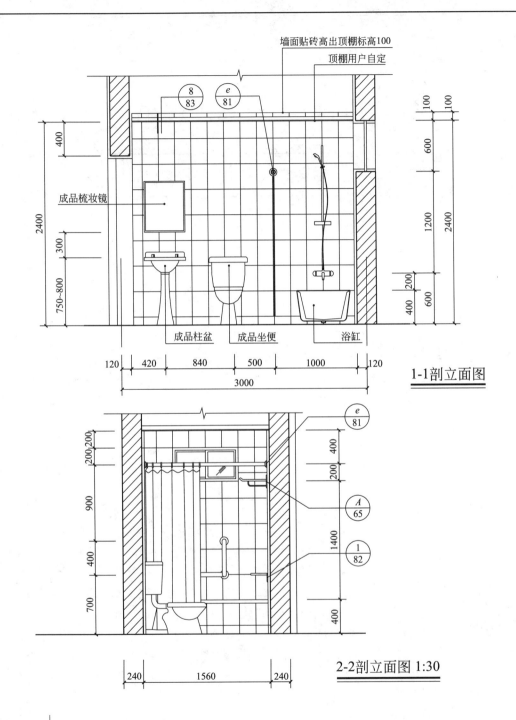

墙面贴砖高出顶棚标高100
顶棚用户自定

$\frac{8}{83}$ $\frac{e}{81}$

成品梳妆镜

成品柱盆   成品坐便   浴缸

1-1剖立面图

$\frac{e}{81}$

$\frac{A}{65}$

$\frac{1}{82}$

2-2剖立面图 1:30

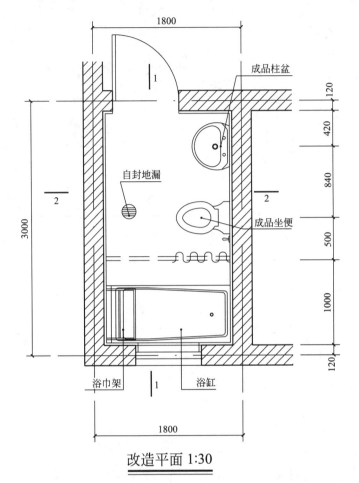

成品柱盆
自封地漏
成品坐便
成品坐便

浴巾架   浴缸

改造平面 1:30

设计说明

1. 此户根据农村实例住宅提出。该户现有上、下水系统、屋顶简易热水装置与一个浴缸，但空间布局不合理，无手盆。

2. 本改造按干湿分离设想布置，更换浴缸并调换方向，增设洗面柱盆。

3. 洗浴部分与坐便区域通过拉帘软分隔，住户可根据自己的实际情况设定。

4. 给水与热水管线装修时暗装，规格与要求根据产品确定。

W2卫生间改造大样图(一)

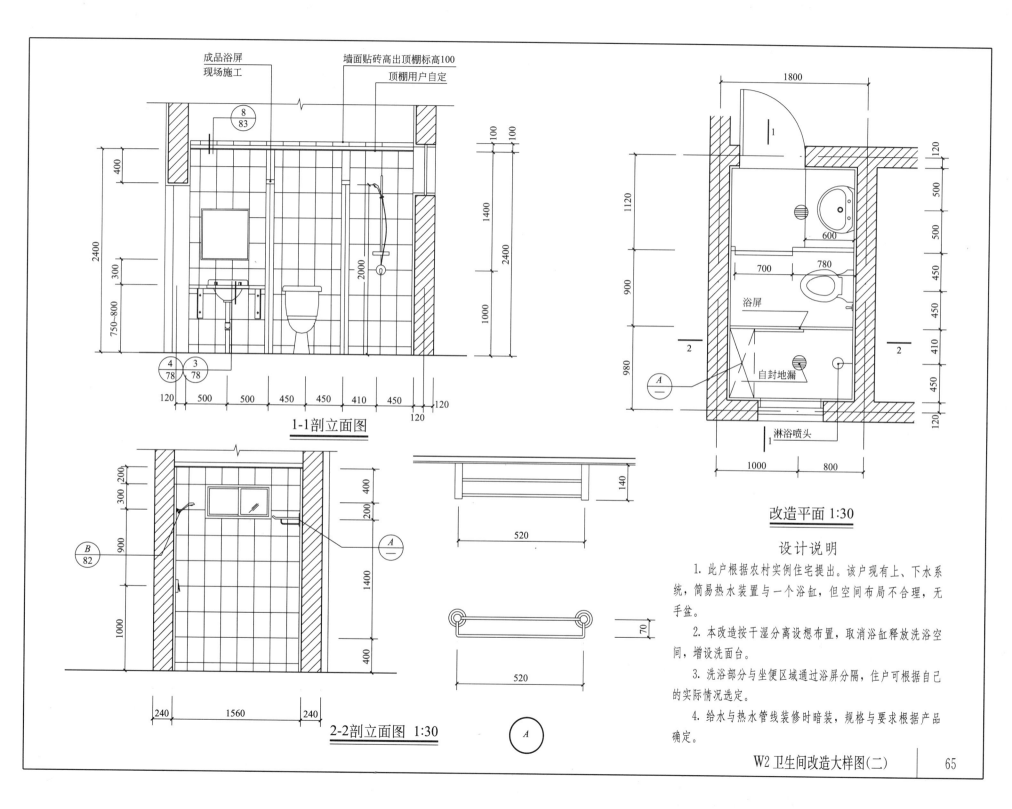

成品浴屏
现场施工

墙面贴砖高出顶棚标高100
顶棚用户自定

8
83

400

300

750~800

2400

4
78

3
78

120 500 500 450 450 410 450 120
120

1-1剖立面图

100
100

1400
2400
1000

2000

B
82

300 200
200

900

1000

A

200 400
400

1400

1000

400

240 1560 240

2-2剖立面图 1:30

520

140

520

70

A

1800

1120

900

980

I

2

A

浴屏

自封地漏

淋浴喷头

I

I

2

120

500

500

450

450

410

450

120

600

700 780

1000 800

改造平面 1:30

设计说明

1. 此户根据农村实例住宅提出。该户现有上、下水系统，简易热水装置与一个浴缸，但空间布局不合理，无手盆。

2. 本改造按干湿分离设想布置，取消浴缸释放洗浴空间，增设洗面台。

3. 洗浴部分与坐便区域通过浴屏分隔，住户可根据自己的实际情况选定。

4. 给水与热水管线装修时暗装，规格与要求根据产品确定。

W2卫生间改造大样图(二)

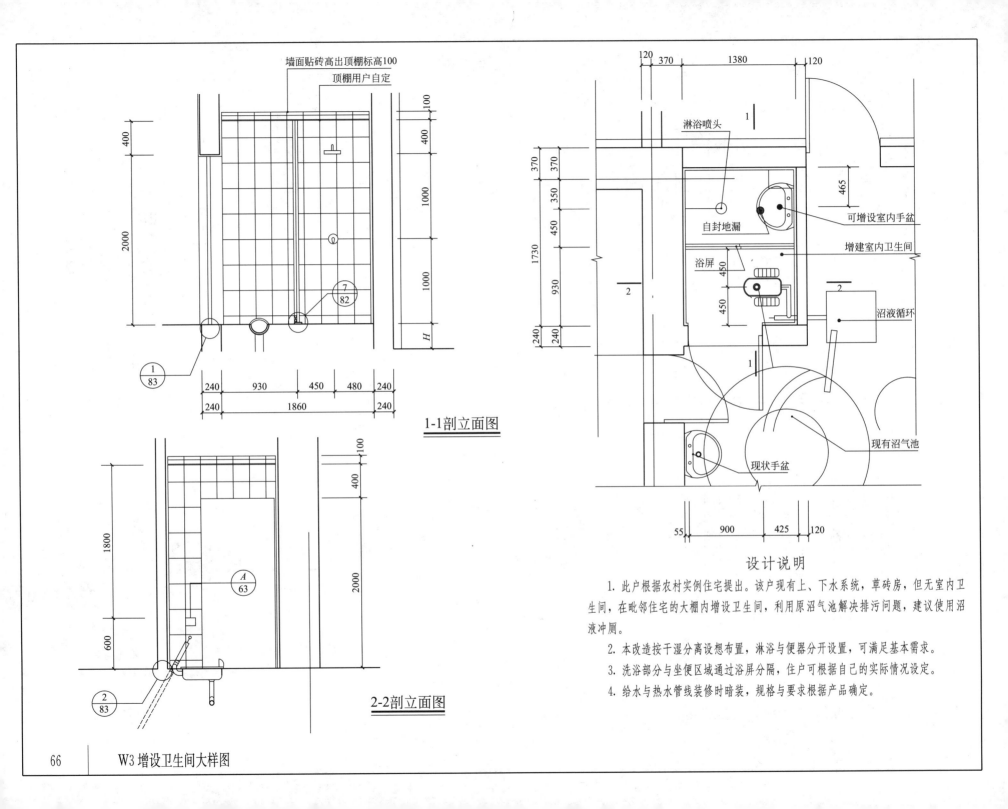

墙面贴砖高出顶棚标高100
顶棚用户自定

7
82

1
83

1-1剖立面图

2
83

2-2剖立面图

A
63

淋浴喷头

自封地漏

可增设室内手盆

增建室内卫生间

浴屏

沼液循环

现有沼气池

现状手盆

设计说明

1. 此户根据农村实例住宅提出。该户现有上、下水系统，草砖房，但无室内卫生间，在毗邻住宅的大棚内增设卫生间，利用原沼气池解决排污问题，建议使用沼液冲厕。

2. 本改造按干湿分离设想布置，淋浴与便器分开设置，可满足基本需求。

3. 洗浴部分与坐便区域通过浴屏分隔，住户可根据自己的实际情况设定。

4. 给水与热水管线装修时暗装，规格与要求根据产品确定。

W3增设卫生间大样图

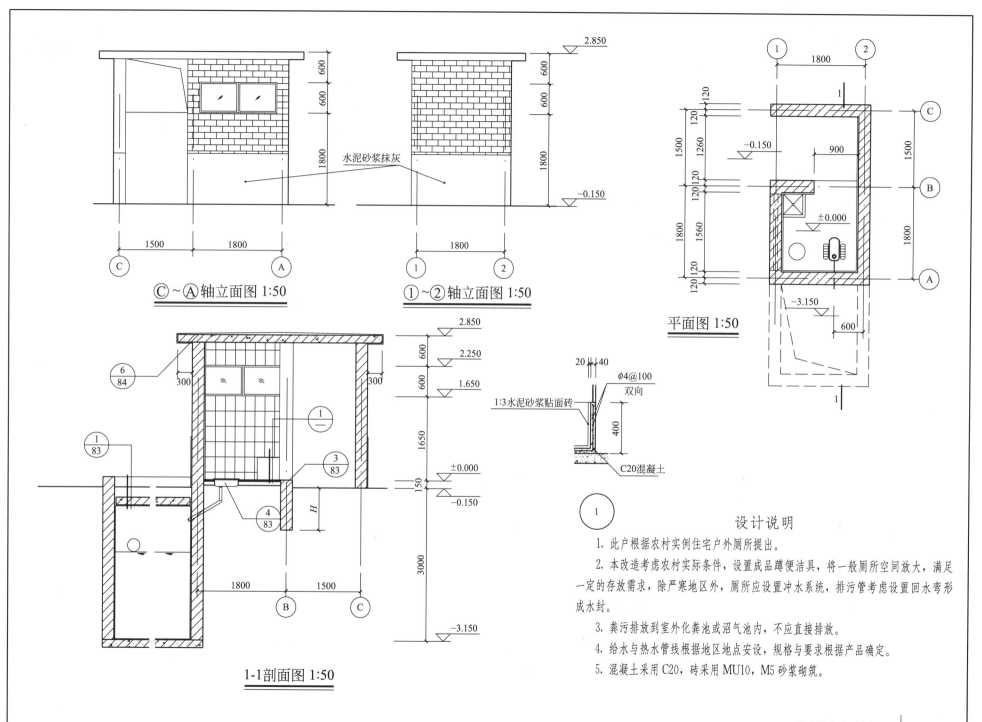

ⓒ~Ⓐ轴立面图 1:50

①~②轴立面图 1:50

平面图 1:50

1-1剖面图 1:50

设计说明

1. 此户根据农村实例住宅户外厕所提出。

2. 本改造考虑农村实际条件，设置成品蹲便洁具，将一般厕所空间放大，满足一定的存放需求，除严寒地区外，厕所应设置冲水系统，排污管考虑设置回水弯形成水封。

3. 粪污排放到室外化粪池或沼气池内，不应直接排放。

4. 给水与热水管线根据地区地点安设，规格与要求根据产品确定。

5. 混凝土采用C20，砖采用MU10，M5砂浆砌筑。

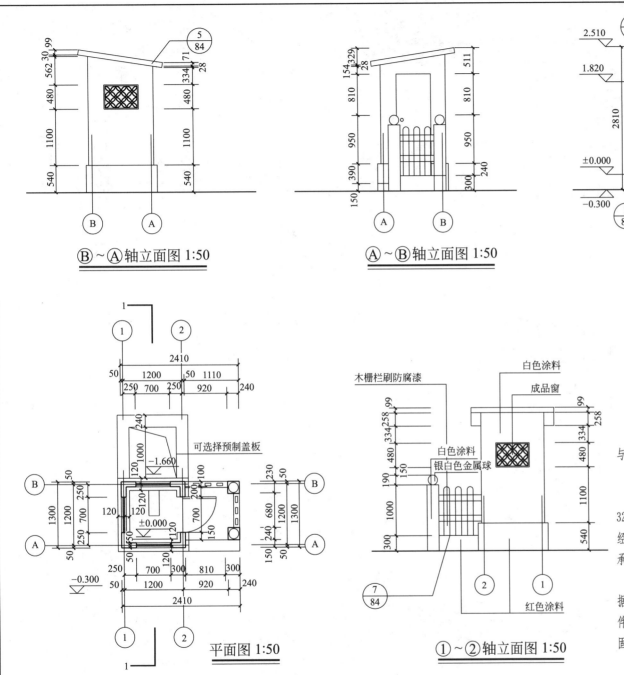

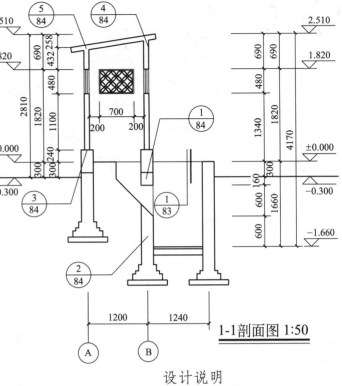

Ⓑ~Ⓐ轴立面图 1:50

Ⓐ~Ⓑ轴立面图 1:50

1-1剖面图 1:50

平面图 1:50

可选择预制盖板

①~②轴立面图 1:50

木栅栏刷防腐漆
白色涂料
成品窗
白色涂料
银白色金属球
红色涂料

设计说明

1. 此户根据农村实例住宅户外厕所专门提出。

2. 本图集设计适合寒地农村无给水、排水与采暖条件的自家宅院厕所与其他户外卫生设施。

3. 粪污排放到室外化粪池或沼气池内，不应直接排放。

4. 本方案采用预制搁板设计，方便村民自行施工，水泥标号不应低于325号；钢材为A3钢；木材选用一、二等红、白松或木质接近的木材，应经常规干燥处理，含水率不大于18％；砖与砌块选用MU7.5以上机制砖或承重砌块。

5. 本图集构造节点仅反映土建关系，具体饰面装修等做法由设计师根据单体设计选择；图集中编入的工业化产品，可参照厂家样本，有关构配件如不能采用图集的安装方法，可改用射钉、钢质膨胀螺栓或粘贴等形式固定，所用材料的规格与牌号由单体设计决定。

W5型厕所大样图(一)

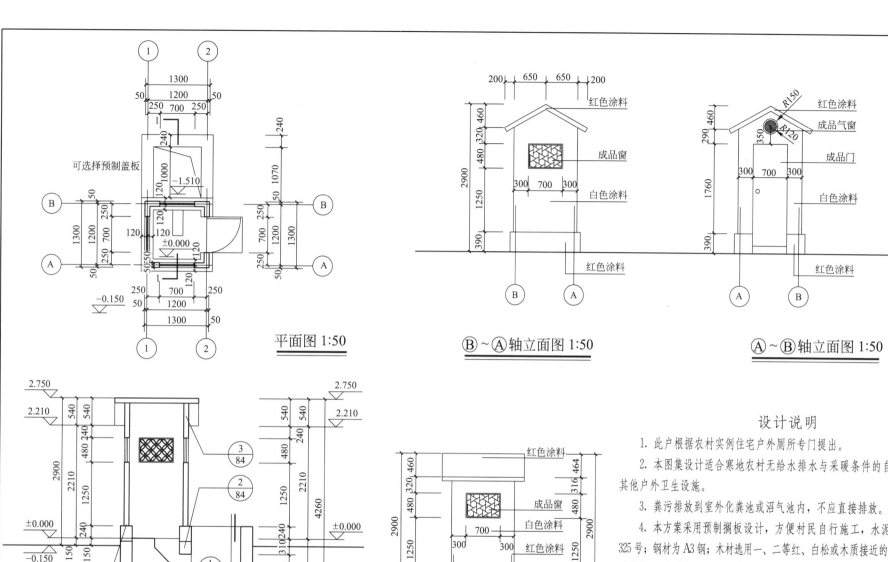

平面图 1:50

B～A轴立面图 1:50

红色涂料
成品窗
白色涂料
红色涂料

A～B轴立面图 1:50

红色涂料
成品气窗
成品门
白色涂料
红色涂料

可选择预制盖板

1-1剖面图 1:50

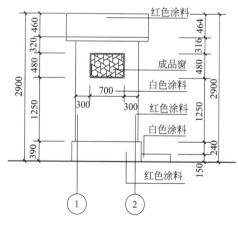

红色涂料
成品窗
白色涂料
红色涂料
白色涂料
红色涂料

①～②轴立面图 1:50

设计说明

1. 此户根据农村实例住宅户外厕所专门提出。

2. 本图集设计适合寒地农村无给水排水与采暖条件的自家宅院厕所与其他户外卫生设施。

3. 粪污排放到室外化粪池或沼气池内，不应直接排放。

4. 本方案采用预制搁板设计，方便村民自行施工，水泥标号不应低于325号；钢材为A3钢；木材选用一、二等红、白松或木质接近的木材，应经常规干燥处理，含水率不大于18%；砖与砌块选用MU7.5以上机制砖或承重砌块。

5. 本图集构造节点仅反映土建关系，具体饰面装修等做法由设计师根据单体设计选择；图集中编入的工业化产品，可参照厂家样本，有关构配件如不能采用图集的安装方法，可改用射钉、钢质膨胀螺栓或粘贴等形式固定，所用材料的规格与牌号由单体设计决定。

W5 型厕所大样图(二)　69

三、灶台大样

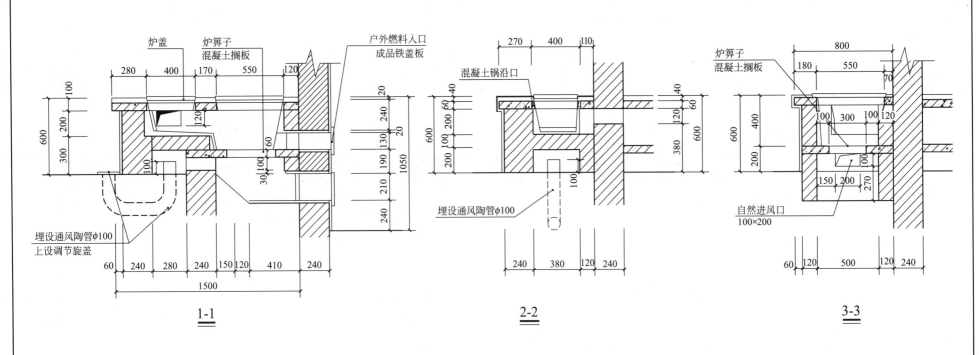

1-1   2-2   3-3

设计说明

1. 锅口尺寸依居民家中设施情况现场制作，其他留孔洞尺寸可根据实际情况调整，若采用室内填送煤柴等燃料，参见灶台二。

2. 灶台面板采用C20，60mm混凝土，配φ8@200双向，面层应采用易于清洁材料(如瓷砖)等；炉膛内绝热材料依当地情况采用。

3. 北方居民可以结合自己家里情况安设水暖气系统。

4. 灶台排烟依住宅地域情况考虑，北方村镇住宅可结合吊(火)炕等设施，非采暖地区则应直接接入烟道。

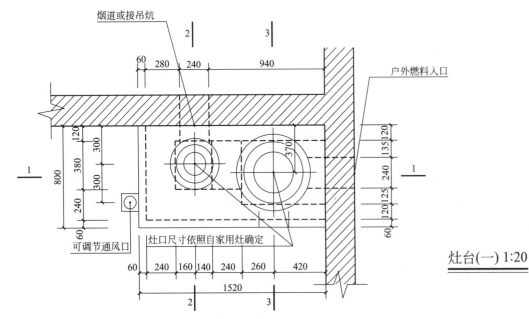

灶台(一) 1:20

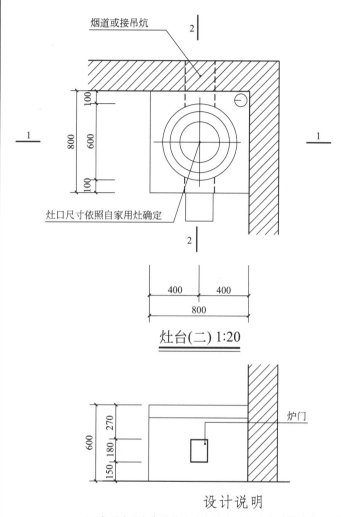

灶台(二) 1:20

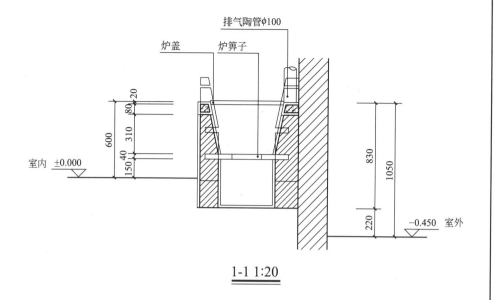

1-1 1:20

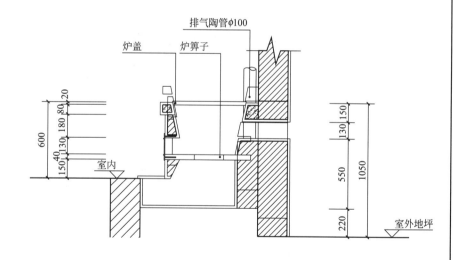

2-2 1:20

设 计 说 明

1. 本页为北方常见单孔改良灶台,室内填送煤柴等燃料,锅口尺寸依居民家中设施情况现场制作,其他留孔洞尺寸可根据实际情况调整。

2. 灶台面板采用C20,60mm混凝土,配ϕ8@200双向,面层应采用易于清洁材料(如瓷砖)等;炉膛内绝热材料依当地情况采用。

3. 北方居民可以结合自己家里情况安设水暖气系统。

4. 灶台排烟依住宅地域情况考虑,北方村镇住宅可结合吊(火)炕等设施,非采暖地区则应直接接入烟道。

灶台大样(二) | 73

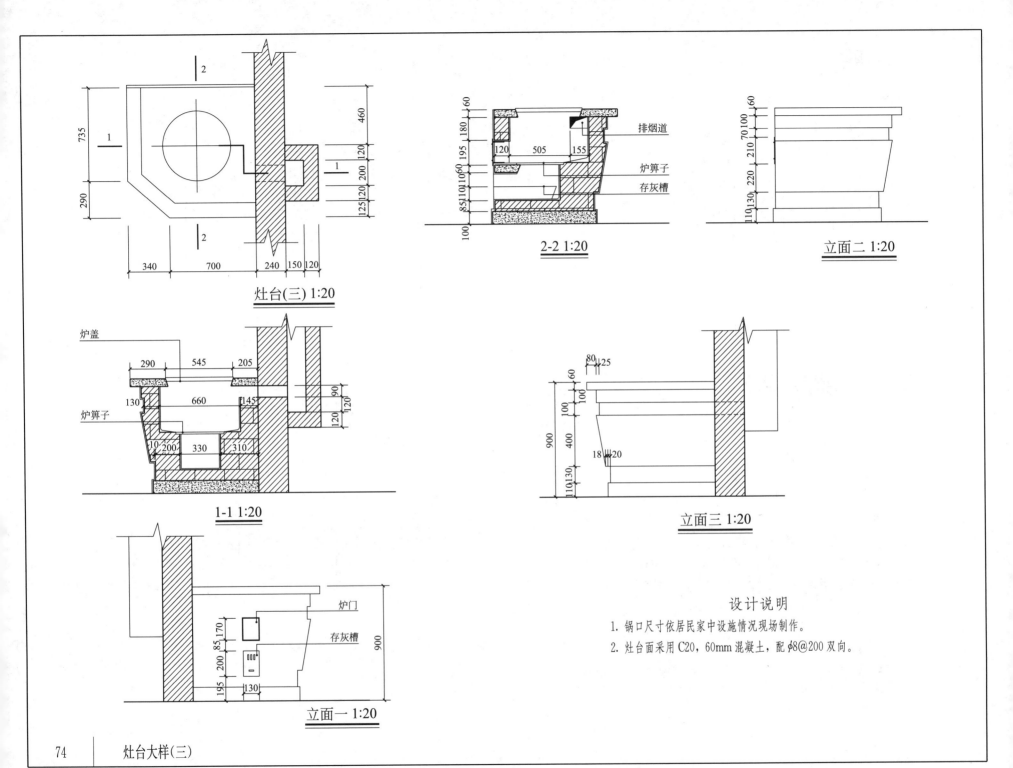

灶台(三) 1:20

2-2 1:20

排烟道
炉箅子
存灰槽

立面二 1:20

炉盖
炉箅子

1-1 1:20

立面三 1:20

炉门
存灰槽

立面一 1:20

设 计 说 明

1. 锅口尺寸依居民家中设施情况现场制作。

2. 灶台面采用C20，60mm混凝土，配φ8@200双向。

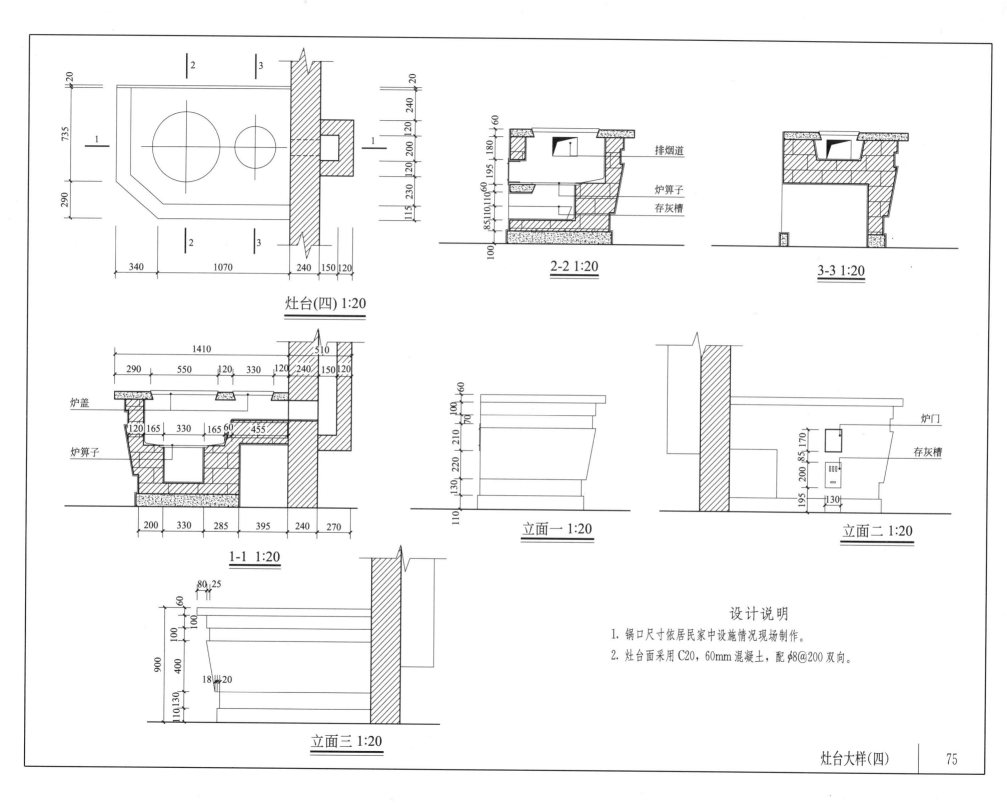

灶台(四) 1:20

2-2 1:20

排烟道
炉箅子
存灰槽

3-3 1:20

炉盖
炉箅子

1-1 1:20

立面一 1:20

炉门
存灰槽

立面二 1:20

立面三 1:20

设 计 说 明
1. 锅口尺寸依居民家中设施情况现场制作。
2. 灶台面采用C20，60mm混凝土，配 ϕ8@200双向。

灶台大样(四) | 75

四、剖面详图

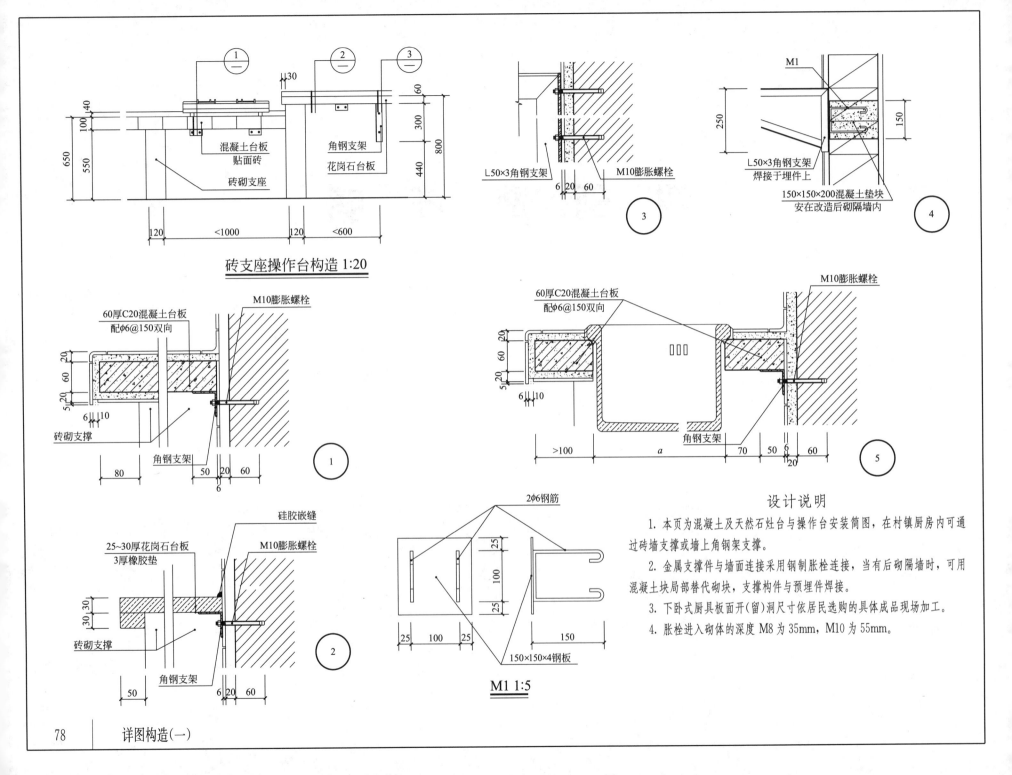

砖支座操作台构造 1:20

混凝土台板
贴面砖
砖砌支座
角钢支架
花岗石台板

L50×3角钢支架
M10膨胀螺栓

M1
L50×3角钢支架
焊接于埋件上
150×150×200混凝土垫块
安在改造后砌隔墙内

60厚C20混凝土台板
配φ6@150双向
M10膨胀螺栓
砖砌支撑
角钢支架

60厚C20混凝土台板
配φ6@150双向
M10膨胀螺栓
角钢支架

硅胶嵌缝
25~30厚花岗石台板
3厚橡胶垫
M10膨胀螺栓
砖砌支撑
角钢支架

2φ6钢筋
150×150×4钢板
M1 1:5

设计说明

1. 本页为混凝土及天然石灶台与操作台安装简图,在村镇厨房内可通过砖墙支撑或墙上角钢架支撑。

2. 金属支撑件与墙面连接采用钢制胀栓连接,当有后砌隔墙时,可用混凝土块局部替代砌块,支撑构件与预埋件焊接。

3. 下卧式厨具板面开(留)洞尺寸依居民选购的具体成品现场加工。

4. 胀栓进入砌体的深度 M8 为 35mm, M10 为 55mm。

详图构造(一)

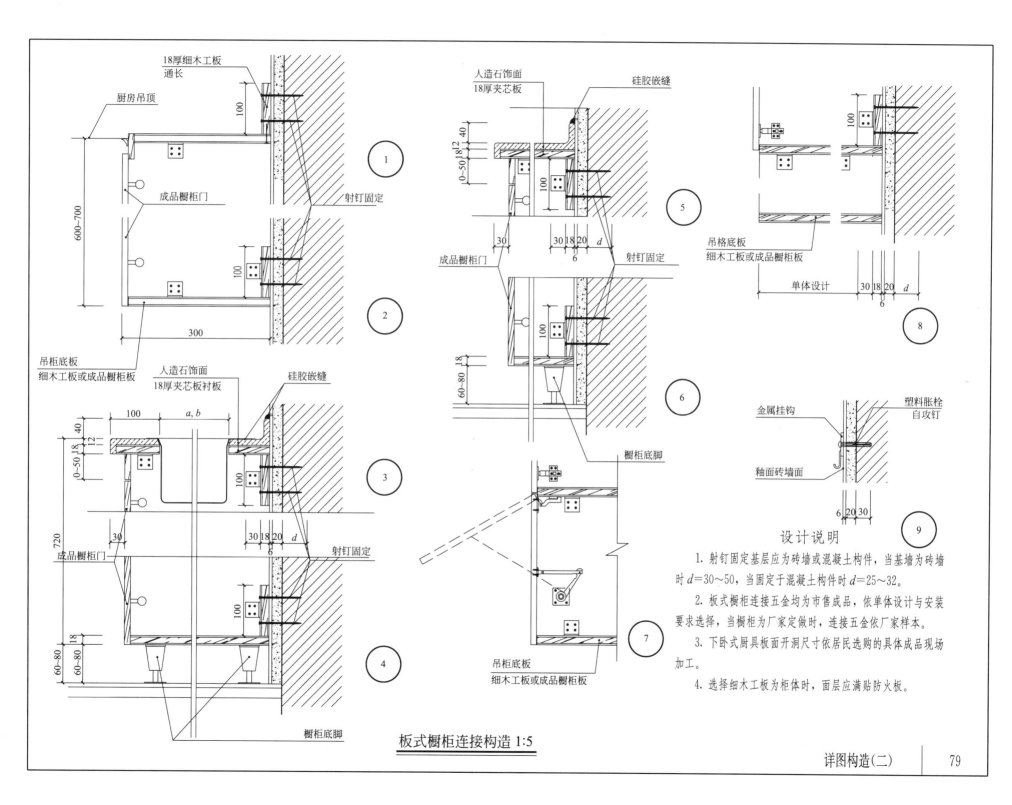

板式橱柜连接构造 1:5

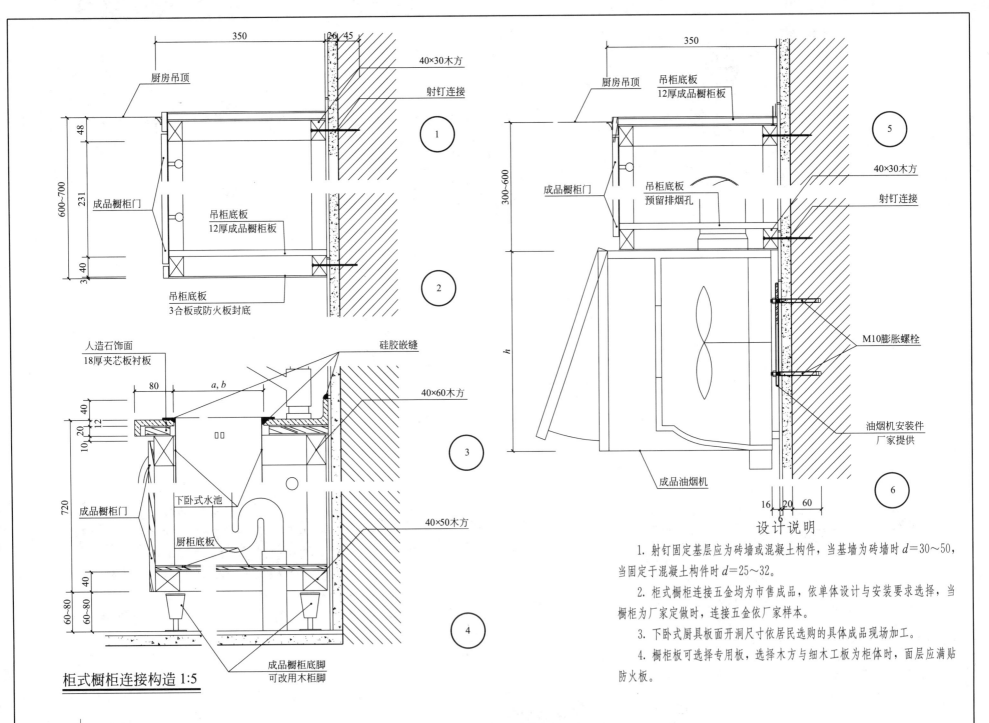

厨房吊顶
40×30木方
射钉连接
48
600~700
231
40
3
成品橱柜门
吊柜底板
12厚成品橱柜板
吊柜底板
3合板或防火板封底

①
②

人造石饰面
18厚夹芯板衬板
80
a, b
硅胶嵌缝
40
20
12
40×60木方
10
10
720
成品橱柜门
下卧式水池
厨柜底板
40×50木方
40
60~80
60~80

③
④

成品橱柜底脚
可改用木柜脚

柜式橱柜连接构造 1:5

厨房吊顶
吊柜底板
12厚成品橱柜板
350
⑤
成品橱柜门
吊柜底板
预留排烟孔
40×30木方
射钉连接
300~600
h
M10膨胀螺栓
油烟机安装件
厂家提供
成品油烟机
16 20 60
⑥

设计说明

1. 射钉固定基层应为砖墙或混凝土构件，当基墙为砖墙时 $d=30\sim50$，当固定于混凝土构件时 $d=25\sim32$。

2. 柜式橱柜连接五金均为市售成品，依单体设计与安装要求选择，当橱柜为厂家定做时，连接五金依厂家样本。

3. 下卧式厨具板面开洞尺寸依居民选购的具体成品现场加工。

4. 橱柜板可选择专用板，选择木方与细木工板为柜体时，面层应满贴防火板。

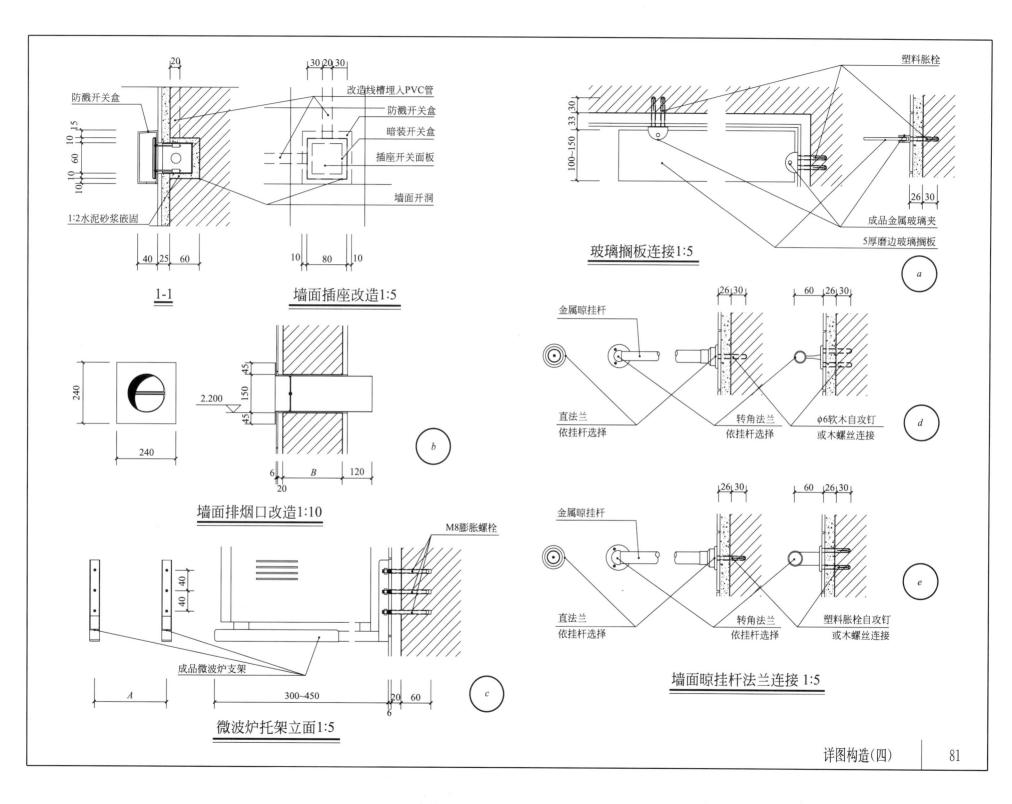

防溅开关盒

改造线槽埋入PVC管

防溅开关盒

暗装开关盒

插座开关面板

墙面开洞

1:2水泥砂浆嵌固

墙面插座改造1:5

1-1

墙面排烟口改造1:10

成品微波炉支架

微波炉托架立面1:5

M8膨胀螺栓

塑料胀栓

成品金属玻璃夹

5厚磨边玻璃搁板

玻璃搁板连接1:5

a

金属晾挂杆

直法兰
依挂杆选择

转角法兰
依挂杆选择

φ6软木自攻钉
或木螺丝连接

d

金属晾挂杆

直法兰
依挂杆选择

转角法兰
依挂杆选择

塑料胀栓自攻钉
或木螺丝连接

e

墙面晾挂杆法兰连接1:5

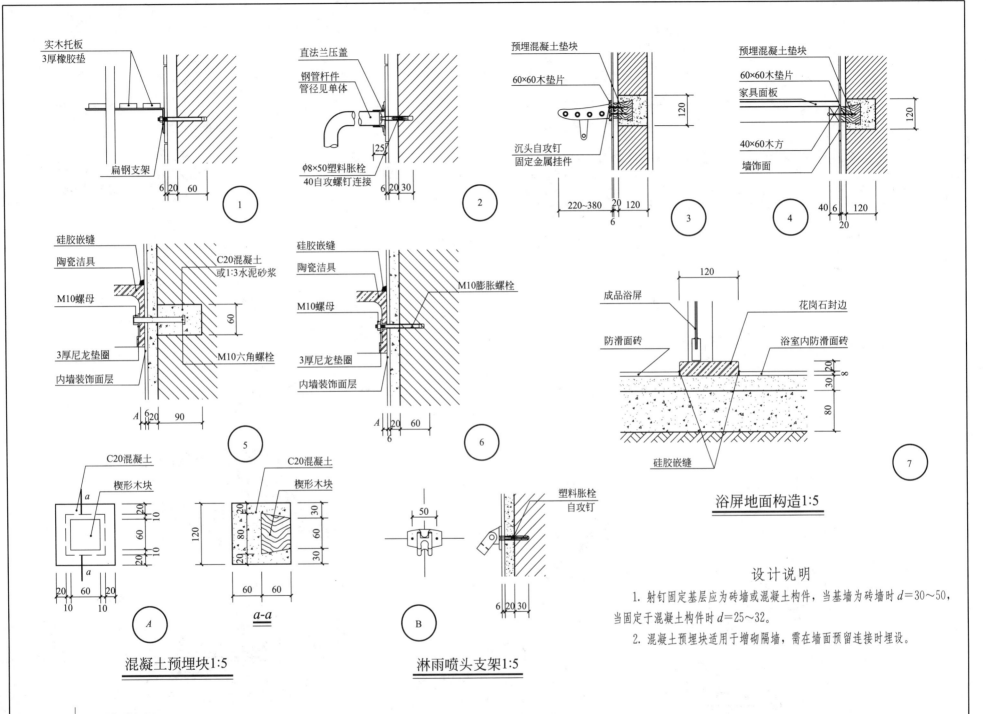

実木托板
3厚橡胶垫
扁钢支架

① 6 20 60

直法兰压盖
钢管杆件
管径见单体
φ8×50塑料胀栓
40自攻螺钉连接

② 6 20 30 25

预埋混凝土垫块
60×60木垫片
沉头自攻钉
固定金属挂件

③ 220~380 20 120 6 120

预埋混凝土垫块
60×60木垫片
家具面板
40×60木方
墙饰面

④ 40 6 120 20 120

硅胶嵌缝
陶瓷洁具
M10螺母
3厚尼龙垫圈
内墙装饰面层
C20混凝土或1:3水泥砂浆
M10六角螺栓

⑤ A 6 20 90 60

硅胶嵌缝
陶瓷洁具
M10螺母
3厚尼龙垫圈
内墙装饰面层
M10膨胀螺栓

⑥ A 20 60 6

成品浴屏
防滑面砖
花岗石封边
浴室内防滑面砖
硅胶嵌缝

⑦ 120 30 20 8 30 60 80

浴屏地面构造1:5

C20混凝土
楔形木块

Ⓐ 20 20 60 10 10 20 60 20 10 10

C20混凝土
楔形木块

a-a 20 80 20 120 30 60 30 60 60

混凝土预埋块1:5

塑料胀栓
自攻钉

Ⓑ 50 6 20 30

淋雨喷头支架1:5

设计说明

1. 射钉固定基层应为砖墙或混凝土构件,当基墙为砖墙时 $d=30\sim50$,当固定于混凝土构件时 $d=25\sim32$。

2. 混凝土预埋块适用于增砌隔墙,需在墙面预留连接时埋设。

82　详图构造(五)

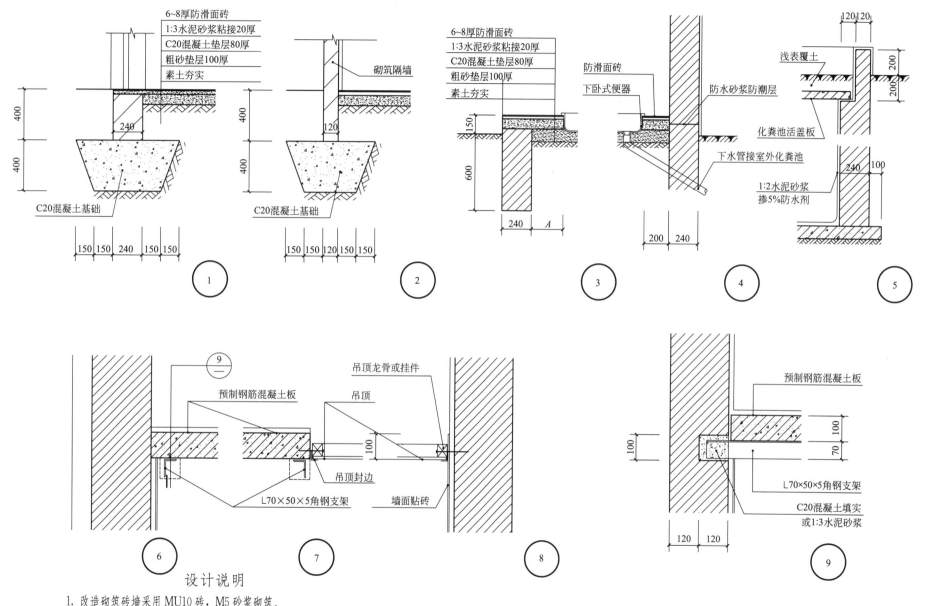

设计说明

1. 改造砌筑砖墙采用 MU10 砖，M5 砂浆砌筑。

2. 搁板用角钢支撑时，角钢应深入支座，并用砂浆或混凝土嵌实，锚固长度大于80。

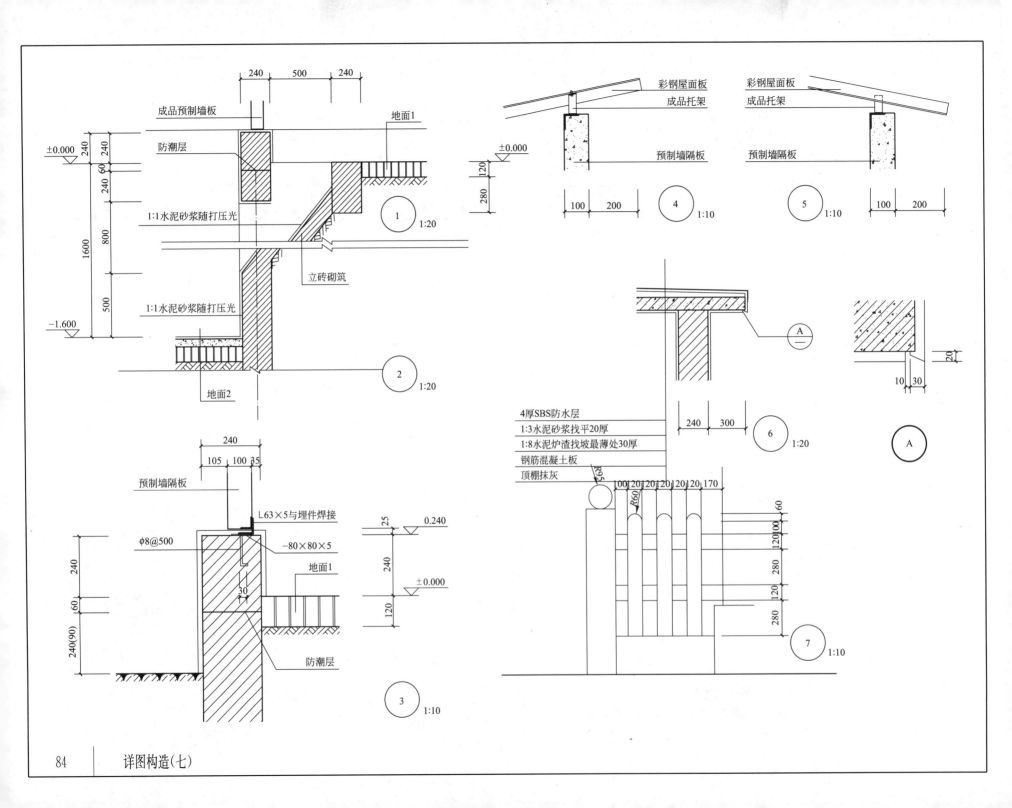

图①（1:20）
240　500　240

成品预制墙板
防潮层
地面1
±0.000
240
240 60
240 60
800
1600
1:1水泥砂浆随打压光
立砖砌筑
500
-1.600
1:1水泥砂浆随打压光

① 1:20

图②（1:20）
地面2

② 1:20

图③（1:10）
240
105　100　35
预制墙隔板
L63×5与埋件焊接
φ8@500
-80×80×5
30
240
240(90)
60
地面1
25
240
0.240
±0.000
120
防潮层

③ 1:10

图④（1:10）
彩钢屋面板
成品托架
±0.000
120
280
预制墙隔板
100　200

④ 1:10

图⑤（1:10）
彩钢屋面板
成品托架
预制墙隔板
100　200

⑤ 1:10

图⑥（1:20）
A
240　300

⑥ 1:20

图⑦（1:10）
4厚SBS防水层
1:3水泥砂浆找平20厚
1:8水泥炉渣找坡最薄处30厚
钢筋混凝土板
顶棚抹灰
R95
R60
100 120 120 120 120 120 170
60
120
100
280
120
280

⑦ 1:10

图Ⓐ
20
10　30

Ⓐ